貓的瘋癲
La Folie des chats

不愛貓砂、異食癖、突然攻擊等行為問題……
走入動物精神醫學診療室，解開喵星人的微妙心事

克勞德・貝雅塔Claude Béata——著
杜蘊慧——譯

CONTENTS

第3章　人貓關係：相處與互動的祕密

第4章　飛越貓窩：貓真的會發瘋？……167

推薦序

與貓共存的世界

克勞德．貝雅塔是受過動物行為學訓練的執業臨床獸醫，他的文筆流暢生動，講述趣聞軼事的同時，也不忘探討其中的哲理。

自從貓和人類共同生活以來，牠們的行為模式已然發生了變化。當然，由於骨子裡仍然是貓，牠們會情不自禁地去狩獵、潛伏，並優雅地撲向任何移動的物體。貓就是貓——一種迅捷、安靜又優雅的掠食者，憑小小的牙齒，就能撕裂比牠大三倍的獵物。但在人類所處的文明世界中，科技的狂潮打亂了工作與休息、狩獵與和平的規律，進而引發人類和動物的生理變化及行為失調。

衰老過程的延長是文明的產物。在沒有人類的環境中，貓的壽命是三至四歲；但在充滿人類科技的環境裡，同樣基因機制的貓卻能活到十五至二十歲。而在距今約八千至一萬年前，新石器時代尚未爆發時，智人的骨骼年齡僅略超過三十歲。如今，每兩名女性就有一人能活到百歲，男性的壽命也接近九十歲。

所以呢？這代表人類和動物有共通的演化程式嗎？文明創造的世界改變了貓或人類基因程式的表現。那人類和動物之間的差異，是否應該視為一種信仰上的需求，而非臨床觀察的結果？

貝雅塔以臨床獸醫的角度，把從貓身上學到的知識傳授給我們。如果一隻小貓被孤立、斷絕所有關係，就無法長成一隻正常的貓。牠需要另一隻貓，才能發育出自我。但當這個「其他存在」缺乏或有所改變時，小貓就會難以發育。牠的大腦會因為異常的環境刺激（刺激程度不足或過度）而變得無法運作，進而阻礙行為發育成熟。

在理想的情況下，小貓會透過與兄弟姊妹扭打玩耍或攫住媽媽的尾巴，來學習如何當一隻貓。這些小打小鬧和短暫的攻擊行為並不會引發敵意，但隨著小貓長大，牠的體重和牙齒造成的疼痛，會迫使貓媽媽做出回應：只需發出簡單的喝斥、在小貓鼻頭哈氣，或抬起腳掌（但不伸出利爪）以示威脅，就能減緩小貓嬉戲時的攻擊性。人類用奶瓶餵大的小貓沒受過這種克制攻擊性的教育，因此缺乏互動默契的訓練，社交能力較差。

貝雅塔的這本書包含了無數實例。我們喜愛照顧這些迷人的小老虎，但當牠們的發育出現問題，這些小野獸就會讓人擔憂，於是我們會尋求獸醫的協助。

我認識貝雅塔時，他剛從獸醫學院畢業，想研究動物精神醫學。但在他接受的醫學訓練中，並沒有這方面的課程。獸醫會碰到的臨床問題，教育卻沒教他們如何解決。在一九八〇年代初期，獸醫們只能借助兩本相關書籍：《動物精神醫學》[1]和《猴子的記憶與人類語言》[2]。論及這門知識，當時的社會開始質疑人類是否真的具有超自然[3]的本質，並且與動物毫無共通之處，故而無須向動物學習任何知識。莫林（Edgar Morin）主張要整合而非對立學科，因為這種對立會導致知識的片段化。[4]面對生物世界的奧祕，人們試圖建立達爾文式的態度，但卻少有人遵循。在普遍的文化觀念中，我們被指控是「將人類貶低到動物的層次」，而大學機構也只提出兩種解釋供人選擇：純生物性或純心理分析性。然而不難發現，佛洛伊德的理論加入了演化和達爾文主義，將生物與環境聯繫在一起[5]；拉岡（Lacan）則是最早引用動物行為學來解釋人類心理的學者之一[6]。但既有的普遍觀念如此根深蒂固，導致大眾文化和學術界根本不願聽信這些自然主義學家和他們的實驗結果。

因此，貝雅塔認為，有必要集結那些想從演化或綜合理論方面發掘人獸之間奧祕的獸醫們。土魯斯（Toulouse）大學請貝雅塔組織了一套出色的進修文憑課程，讓已經是執業獸醫的學生展現臨床觀察和實驗操作的才能，本書也引用了其中幾位的經驗。

我經常邀請貝雅塔參與我在杜隆（Toulon）大學的課堂。我對結果很有信心：我知道，他的講解會生動、有趣又令人信服，而這正是源於他的才智，以及你將在本書讀到的方法。

他教導我們如何探索貓的世界，一個與人類截然不同的世界。貓和人類彼此誤解的情況並不罕見，這也說明了為何人與貓的相處常遇到困難，甚至偶有令人驚訝的攻擊行為。但只要理解問題出在哪裡，就能加以修正，改善的機率也很高。我之前並不了解「關係障礙症」（schézipathie）這個詞（意指病患為互動關係所苦）。小貓如果與母貓分離而過早獨立，便無法習得最基本的（貓）社會化訓練。從各方面來說，這些感官被孤立的小貓所承受的嚴重損傷，無異於被遺棄的人類嬰兒。不過，如果能儘早提供情感上的替代，就能避免神經功能失調變成永久損傷，並重新恢復發育，我們稱之為「復原力」（résilience）。

貝雅塔從事的臨床研究涉及一個哲學問題：觀察到動物失調的狀態時，我們是否有權稱其為「動物的瘋狂」？我從一九六〇年代開始對此現象產生興趣，當時的出版品稱這類情況為「動物精神官能症」[7]；但如今，「精神官能症」一詞也已消失在國際分類。而「瘋狂」一詞也毫無意義。我們真能說一隻貓患有精神病，並且與現實脫節嗎？我倒認為，貓的問題行為是肇因於發育過程中的意外。一旦發現問題，我們通常都能立刻進行干預，就像是針對關係進行「物理治療」。這類治療通常很有效，對各方都有正面效果。

一九八〇年代，我們所處的環境正經歷著近乎形而上的意識形態辯論：人類與自然毫無關係。人統治大自然，如此而已。男人統治動物，也統治女性、孩童，以及軟弱的男人。人類就這樣創造出貴族階級、劃定疆界，並強加了宗教與母語。透過統治，秩序得以維持，但所謂的秩序卻是一片死寂。

就在那時，病毒出現了。它停止了生產的競爭、中斷了旅行，將人類禁錮在一處，讓我們得以發現從前刻意忽視，卻明擺在眼前的事實：人類並非與動物隔絕，而是生存於動物之中。病毒是文明的產物。我們體內和周遭有數百萬種病毒，多半是有益的，因為它們參與神經傳導過程，刺激我們並使我們愉悅。但當人類想生產更多肉，便開始興建動物飼養場、改變植物品種、著手操控豬隻和禽類的基因，進而引發突變和有害人類器官的新病毒。接著，人類了不起的科技如船隻和飛機，又帶著這些變種病毒跨越整個地球，造成數千萬計的死亡。

這種悲慘的經歷，自新石器時代、人類「馴化」動植物以來就一直存在，結果證明：人類並不凌駕於大自然之上，而是和植物、流水及動物共存於大自然中。有七〇%的人類疾病是人畜共患，也就是來自動物的疾病。答案很明顯：假如我們不善待動物，讓牠們生病，最終就會和牠們一起消失在地球上。

因此，我們有責任更了解牠們，幫助牠們發展得更好，與牠們分享快樂的時光。這就是我與貝雅塔以及書中的貓咪們相處時學到的事。

——鮑赫斯・西呂尼克（Boris Cyrulnik），法國精神科醫師、動物行為學家，著有《心理韌性的力量》（*Un Merveilleux Malheur*）

1 Brion A., Ey H., Psychiatrie animale, Paris, Desclée de Brouwer, 1964.
2 Cyrulnik B., Mémoire de singe et paroles d'hommes, Paris, Hachette, 1983.
3 Moscovici S., Hommes domestiques et hommes sauvages, Paris, Union générale d'édi tion, 1974.
4 Morin E., L'Unité de l'homme, Paris, 10/18, 1970.
5 Ritvo L., L'Ascendant de Darwin sur Freud, Paris, Gallimard, 1992.
6 Lacan J., Le Séminaire, livre II: Les Psychoses, 1955 1956, Paris, Seuil, 1981, p. 108. Propos sur la causalité psychique, L'Évolution psychiatrique, 1947, p. 38-41.
7 Brunelle L., Les Névroses expérimentales, Paris, Raison présente, 1967.

前言
貓的「瘋癲」？

她就在那兒，匍匐於地。黑色身影。

我面對著她。她的模樣讓人印象深刻。

凡是曾與一隻準備出擊的貓正面交鋒的人，都會知道我在說什麼。

她的雙耳平貼在頭上，幾乎完全隱形，看起來就像個日本武士。

她盯著我，強烈的目光透露出即將發生的無情搏鬥。她抬起身子，我感覺到那有力的肌肉正準備出擊，而我知道自己逃過利齒和尖爪攻擊的機會非常渺茫。我動了動，想擺脫這股威脅帶來的壓迫感，但她就像個技藝高超的戰士，目光始終緊盯著我，而她悄無聲息的移動，絲毫不留給我一點逃脫空隙。

不過五分鐘前，我還差點就能觸碰到她，甚至妄想能撫摸她。我已經能感覺到手掌下柔滑的毛髮和柔韌的身體。我原本預見她會卸下防備，而我們彼此透過低沉的呼嚕聲來達成心靈互通；但一個略顯笨拙的動作打破了即將達成的協議，現在一切都得從頭來過。而我的身分已然改變：我成了敵人，不可信任，一舉一動都會被解讀成攻擊，隨時會引發反制。

我知道她很害怕。我也是。

不過……她的體重只有幾公斤而已，我可比她重多了。但這並沒有讓這場衝突的結果變得更可預測。

我們兩個面對面，當時我還是年輕的獸醫，而這位貓女士到診所來做例行檢查。她趁人們一時不注意溜出籠子，此時已經準備好自我防衛。我深深被她這股意志力吸引，蹲下身和她說話，同時留心不讓她再度逃脫或發起攻勢。我告訴她，我覺得她好勇敢、好特別，我選擇這份職業就是為了照顧她，幫助她在我們的世界裡過更好的生活，並照顧她的幸福。她的耳朵稍微豎了起來，眨了眨眼睛，似乎在告訴我：眼前的路還長著呢，想跟她的種族、尤其是想跟她溝通，我還有好多得學。我向她道歉，但這樣顯然不夠：消失無蹤的信任並不能快速重建起來。之後我又花了十五分鐘，才毫髮無傷地抓回這位美女，並學到了我的第一課。

三十五年前的那天恍如昨日，那天，我向她也向自己許下承諾，會持續進步。雖說這條路尚未走完，但最近我做了個怪夢：我打扮得像參加畢業典禮的大學生，身穿長袍、頭戴方帽，但授證委員會的成員全都是貓。好多貓，而且看起來都似曾相識。我認出自己養過的貓，咪努、琪琪塔、我的老友艾爾、鴉片、小鬍子、芙蘿拉；還有我照顧過的貓，牛軋丁、漢尼拔、牛軋。牠們把我叫上台領畢業證書……負責翻譯貓語的委員會主席，正是帶給我職業生涯第一堂震撼教育的「貓一號女士」。她簡短宣布：「我們是貓，古代傳說中的貴族和社群媒體的寵兒。有時我們因自己的特質而聞名，甚至被神格化；但我們也曾因莫須有的罪名而受到迫害、被釘在穀倉門上或承受屈辱。我不確定人類真的了解我們。」她要求我寫這本書：「你能幫我們嗎？你欠我們這份情。請解釋我們的行為為何容易理解，有時又很複雜。請證明，如果還是小貓的我們已經是世上最可愛的生物，就應該值得比曇花一現的網路爆紅文更好的對待。我們的行為千變萬化，幾乎無窮無盡，然而這樣的豐富性也讓我們脆弱。你曾照顧我們，所以我們授予你這項使命：解讀那些圍繞著我們、有時也存在於我們體內的瘋狂念頭，也解讀貓的本質是如何引發我們心理的苦痛。而我們的大腦既然足夠複雜，複雜到幾乎能適應每件事；就也足夠脆弱，脆弱得讓我們『發瘋』。」

今天，我兌現了承諾，而各位的手中正捧著它：毋庸置疑，這本書並不完美，且未盡完備，但能否達成我的使命？腦海中，我的手摸著貓一號女士的毛，而牠的呼嚕聲撫平了我無法止息的不確定感。

第1章

貓的本性：猜不透的雙重「貓」格

「上帝創造貓，好讓人類有隻能在家撫摸的老虎。」

——法國文豪維克多．雨果（Victor Hugo）

假如你曾看過自家的貓待命的警覺神態；看過牠無比耐心而精準地帶回獵物；或像當年的我，面對著準備戰鬥的貓一號女士；又或者看過母貓為了保護小貓，挺身面對比牠大十倍的狗，想必都無法忽視，貓這種動物面對戰鬥時近乎完美的適應力。但為何要和這樣的天生武器一起生活？因為我們固然見識到獵者的本性，卻也看見牠們的依附能力，這種出於自主選擇而非無意識的反應，讓人與貓的關係更顯珍貴。因為人類與貓共同生活的歷史遠不如與狗生活悠久，所以至今，我們仍感覺自己是將一縷野性的火花請回了家中。

一點都不甜的牛軋

的確，有時候我們真覺得老虎就在不遠處……

我替年輕的歐洲貓牛軋看診時，好幾次都得提醒自己別忘了：那小貓身軀裡的能耐，足以媲美大型貓科動物。

那天，安潔為了家裡四個月大的小貓打電話給我，並說她現在得坐輪椅，行動不方便。於是，我們約定在她家裡看診——考量到貓的行為，這種做法通常有其危險性。

之前，我已經決定不再到府看診了。我仍在一般內科看診時，某次有位客戶說服我到府替貓打疫苗，省去她到獸醫院前和貓搏鬥的功夫以及舟車勞頓：「你自己來看，他在家裡可乖了。」雖然我不太相信，但察覺到病患極端的情緒，還是答應要冒險一試。我去到門前、手指才碰到門鈴，還沒來得及告知我的來訪，就聽見貓在屋裡哈氣。客戶開門讓我進公寓，一臉抱歉地說：「我搞不懂怎麼回事，但他知道你在門外，就跑到櫃子上躲起來了。」他佔據了制高點的優勢，毫不關心疫苗能帶來的保護，只準備用我們的手或臉作為代價，保護他自己的皮肉。出訪宣告失敗，客戶只好再帶貓來診所一趟。

我將這個顧慮告訴牛軋的主人安潔，但她保證牛軋絕對不會躲到看不見的地方。到了安潔家，在場的還有幫忙打理家務的鄰居愛涅絲，愛涅絲從牛軋來這裡住的時候就認識他了，只用了一句話形容這隻貓：「他簡直是魔鬼！」

我在桌旁坐下，準備簡短了解牛軋的背景，以及他的主要症狀。他先是跳到我腿上，接著跳上桌子，又跳到電視上（那台電視蠻大的……），途中撞倒了一小盆多肉植物……「他老是這樣，」安潔嘆了口氣：「我從沒見過動作這麼笨拙的貓。」

雖然這種症狀現今仍未被納入超敏反應過動症（HsHa）的診斷標準中，我還是將其作為徵候學分析的主要元素之一。我們都知道貓極其靈巧、敏捷，能跳到壁爐架上的一排小擺飾之間，卻完全不打翻任何東西。所以看見一隻貓在計算動作時如此粗糙，舉手投足便造成嚴重破壞，就知道牠缺乏自我控制。這種自動且無意識地協調與控制基本動作的能力，與犬隻的運動及咬力有關；如今，我們也已經知道HsHa在犬科動物中的患病率極高。而貓咪的自我控制，除了前面犬類提及的兩項能力，還必須加上對抓撓行為的掌控能力。

因此，動作笨拙的貓極為少見。若有主人反映這類問題，我就會進一步檢查兩個重點：笨拙的表現方式與危險程度。

至於牛軋的問題，現在還說不準……他高踞在電視上端詳著我。我動了動桌上的筆，牛軋隨即迅雷不及掩耳地出現在我面前。安潔警告我：「他在玩的時候你可得小心，他就跟老虎一樣……」瞧，他大猛獸的那面又出現了！我先把手藏在桌子底下撓抓桌板，再短暫露出手指，用這種方式挑釁他。對貓來說，這個把戲複製了非常典型的獵物行為：躲藏後又在某些時刻從洞裡冒出來。牛軋快如閃電地撲向我的手，露出所有爪子和利牙。此時，任何與他的接觸都會造成輕微皮肉傷，這並不正常。發育正常的小貓在玩耍時，通常都能控制自己的嘴巴和爪子：模仿掠食行為雖然是學習的一部分，那也只是遊戲，多半不會造成傷害。但牛軋卻用爪牙攻擊，愛涅絲和安

笨拙透露了什麼訊息？

- 這是單純笨拙，還是在交流？許多貓會在吃飯時間把空碗打翻，卻能完美控制自己的動作，在這種情況下，這只是一個訊息：牠想提醒人類遵守時間，並嚴正表示牠的需求必須被滿足。在病理學上並無任何特殊意義。
- 牠的笨拙會讓自己陷入險境嗎？正如過度活躍的狗更容易在家中發生意外，患有HsHa的貓往往也得付出慘痛的代價。有些「跳傘貓」從陽台墜落的次數過度頻繁，這絕非偶然；還有些貓會因為貪吃或缺乏預防措施，而吞下不該吃的物體：在一般內科及外科診療中，這類情況屢見不鮮。現今，大多數的獸醫都會提醒主人這些行為的異常之處，以及可能的對策。

潔都告訴我，她們為了避免受傷都不再跟他玩耍了。牛軋沒了玩伴，於是開始自己隨機發明遊戲。這間混亂的公寓對他來說倒是快樂的天堂：到處都是藏身處，還有各種三度空間供他玩耍。牛軋在我眼前表現出相當奇怪的行為：他跳進一個打開的紙箱，躲在裡面（目前為止一切正常，畢竟這可是許多貓最喜歡的遊戲）。但接著，他開始攻擊一條明明靜止不動的緞帶，先用爪子抓住、撕成碎片，跑開後又在走廊上滑行，然後我們就聽見東西掉落的聲音。他回來的速度就跟消失時一樣迅速，現在又重新跳回我膝上。我試著輕柔緩慢地撫摸，但我的碰觸立刻引起了反應：他用兩隻前腳攫住我的手，伸出尖爪，毫不留情地咬下去。然而，他的態度並沒有任何攻擊性。這一連串舉動無疑只是遊戲，卻再度顯示，他幾乎毫無控制能力。為了驗證，我模仿正在訓練小貓的母貓，用指尖輕敲了幾下他的嘴。曾看過母貓帶小貓的人都知道，母貓會用耐心、堅定的方式持續不懈地教小貓控制爪子和牙齒。教育的形式可能有很多種。

我們拍攝電視節目《札米的世界》（*Monde de Jamy*）時，在一集關於幼貓幼犬發育的內容中，追蹤了一隻名叫樂提的內華達貓[1]和她的小貓們。攝影機持續拍攝了好幾天，可以看

1 譯注：藍灰色的貓，形似俄羅斯藍貓，不過是長毛。

到樂提花了很多時間在管教小貓。她維持一貫的方法，既溫柔又不失威嚴（當小貓漫不經心地從她身上踩過時，樂提會用前腳捉住，讓小貓動彈不得幾秒鐘後再放走），我們從沒見過她嚴厲處罰小貓。小貓接收到這樣的訊息後，很快就知道要靜止不動，等待媽媽友善的壓制力道消失。然而，牛軋的反應完全不同：我一用手指輕彈，他立刻朝我用力揮掌，不到幾秒鐘的時間，我就見了血。我要再次強調：雖然其後果類似於攻擊，但整個過程更像一場遊戲，或是對非常輕微的制裁產生的不受控反應。

他的自制力去哪了？

我們回到牛軋的故事。愛涅絲高呼：「你看，我們根本拿他沒辦法。他會跳到我們身上，還會咬我們，即使試著跟他玩，也馬上就會見血。安潔得坐輪椅和接受療程，這樣下去根本不可能再養他。」

安潔的朋友抱怨這隻小貓「沒完沒了地攻擊」，於是我建議她做個小練習，讓我觀察一下牛軋接受轉變的程度。她開始和牛軋玩，一旦他的狀態變得「尖銳」，就馬上停止所有互動，把雙手放在頭上「扮成一棵樹」，也就是文風不動，甚至也不要看牛軋。愛涅絲照做了，牛軋開始爬到她身上，咬她的手……我打了個暗號，愛涅絲進入假樹狀態，就連眼睫毛都不動一下。他有點吃驚，但是面對這種靜止狀態，貓的對策比狗還多：他湊近愛涅絲的腳踝，用牙齒狠咬了一口。愛涅絲發出動靜，又引發了新的回應。這一局，人類輸了……而對手只是隻兩公斤重的老虎……

我繼續了解牛軋的症狀，發現他符合所有第二期超敏過動症的條件。他的胃口好到接近暴食，還會搶東西吃；睡得很少，幾乎總是在活動或窺伺。現今，我們已經知道如何照顧這種貓，雙重治療（行為和藥物）會有很好的效果，讓主人們願意繼續飼養，也幫助這些貓融入家庭生活。安潔家裡的電視還夠大，足夠作為小貓降落或起跳的平台，所以我有點遲疑，是否該馬上給四個月大的小貓開立適合的精神藥物。這類發育障礙的根本原因是某些神經傳導物質調節不良，尤其是血清素。而我們選用的藥物之一，就是氟西汀，即「百憂解」(Prozac®)。可惜這個產品在世界上的名聲通常不太好，有親友服用這種抗憂鬱藥的人都知道，它的效果好壞參半。而我們將其作為控制性藥物，已經拯救成千上萬隻貓狗的生命，讓牠們恢復自制能力——但是除了藥物，還需要輔以行為治療。當時，理論認為必須等到發育結束，也就是六到八個月後才能用這類產品，因此牛軋接受了另一種治療，卻未能完全控制他的症狀。由於安潔和愛涅絲再也無法忍受咬抓所造成的嚴重傷勢，我在幾星期後得知，牛軋被送給一位住在鄉下、有獨棟房子的朋友。我理解這個選擇，也毫無評判之意。但是，請各位別替這隻能住在郊外的過動貓高興得太早：沒有自制力的貓，存活率並不高。

牛軋的故事已是十多年前了，但我心中始終把這件事當作警告。和那些長期支持我們的精神科醫生朋友討論後，我們認為無需自我設限。如今，若症狀需要，我已經不會再遲疑而不給三或四個月大的小貓開立氟西汀，因為這麼做能救小貓一命。

缺乏自制力並不是牛軋的錯：我們現在知道，問題的根源在於遺傳易感性和發展條件；而自身發展平衡的母貓是否能伴隨小貓成長，對於建立自制力是極度重要的。

我們也別忘了，貓被馴化是非常近期的事，牠們仍然具有潛在的野性。因此，知道貓的野性並了解其根源及後果，是很重要的。貓不是小尺寸的狗：兩者的行為模式不一樣，牛軋的故事提醒我們，任何失衡都能讓掠食者的本性浮現出來。

人貓關係的開端

讓我們回想一下……

當第一批狗開始與人類接觸、共同生活後的兩萬年，有另一種肉食性動物也選擇加入了他們的行列。

狗和人類之間，有著非常緊密的社會結構及共同利益；而這個新居民，卻是被雇來執行一份明確的殺手合約。

人類告訴貓：你可以來和我們住在一起，有時享用我們的剩菜、我們的牛產的牛奶和溫暖的火堆，但條件是你得趕走破壞莊稼的大小老鼠。人類展開定居的農耕生活後，貓才開始同住、在周遭生活。牠們的存在，是人類生活方式劇烈改變的產物。儘管人貓之間還未建立起信任，人還是學會了與身邊的貓科動物共處。

你是否曾經想像自己是人類遠古時代的老祖宗？也許是在亞洲或非洲，或甚至是拉斯科洞窟（Lascaux）或肖維岩洞（Chauvet）的年代？談到劍齒虎（據說牠們在一萬年前才滅絕，比最初推算的五十萬年前要晚得多），或曾棲息在那些著名洞穴中的穴獅，這些貓科動物會立刻讓人聯想到危險、狡獪和死亡威脅。牠們總是獨來獨往，經常隱匿在陰暗處，力大無窮，尖牙和利爪根本不給被選中的獵物任何機會。在人類的想像中，那種原始的恐懼無疑仍然存在；而當小貓認為自己是老虎或獅子時，就在我們心中喚起了身為獵物的恐懼。

第一批貓科動物出現於一千兩百萬至一千三百萬年前，而貓科家族中有三十七個成員保留了極為相近的特徵。就連最頂尖的專家，在辨認獅子或老虎頭骨時也會犯錯……目前已確認的有三個屬。豹屬動物都會吼叫。眾所周知，獵豹是沒有伸縮爪的貓科動物，且是獵豹屬下的唯一物種。至於其他「小型」貓科動物，則被歸在貓屬。

貓的行為與其他動物截然不同。牠們是現在最搶手的寵物，但除了僅佔極少數的品種貓，其實「馴化」這個說法並不正確。馴化的正確用法，是指該物種在培育、繁殖及所有照護上必須完全依賴人類。這種手段改變了物種的型態，使其漸漸偏離根植的野性。然而即使在今天，有如此多的保護者和飼主持續努力，貓的繁殖仍然不受人類控制。我曾經寫過我的看法[3]，但為了那些還沒機會讀到的人，我認為有必要重申：我們對所有家貓強制進行大規模、徹底的節育，這手段並不正確。假如這條法律落實，可以領養的貓就只剩下人工繁殖或收容所裡的了。

過度育種：人類的瘋狂

今日，我和許多同業都目睹了荒謬的選擇性繁殖帶來的損害，這種選擇導致了極端品種（hypertypes）的出現。[2]儘管現今的認知正在改善中，我卻對將貓的未來交在育種人士手中毫無信心。你也許不知情，但是以波斯貓為例，某一時期貓展的評審標準曾獎勵內凹的臉型，也就是鼻子位置比眼睛還深的貓。但事實上，這種過度培育出來的特徵卻會讓牠們呼吸受阻，壽命也隨之減短。

身為獸醫，我們雖然志在捍衛動物福祉，在育種社團裡卻沒有發言份量，我們的警告往往被置若罔聞。

我曾和一隻加拿大無毛貓嘉琳奈一起生活了幾年。我們非常愛她，她很獨特，既淘氣又親人，我們也為她的逝去深深哀悼。但對我來說，她不像隻真正的貓：雖然可以自由進出戶外，但外出對她而言，卻是一樁酷刑。她那雙美麗的藍眼睛無法承受陽光，更別提身上的皮膚了……和植物接觸會引發瘙癢，甚至長膿皰。她自己也因此大幅減少了外出的時間……

說她不是隻真正的貓，或許有點太苛刻了。舉例來說，她仍然是個天生獵手，但跟其他貓不太一樣。我曾跟許多獸醫展示她在iPad上玩狩獵模擬遊戲的影片，他們都覺得很驚

2 作者注：「任何偏離該品種理想類型的選擇性變異，無論是針對個體整體結構，或其中某一特徵，都會導致過度表現……流於偏重該品種標準中的特定特徵……。」（伯納德．丹尼斯〔B.Denis〕）

奇：她有辦法專注超過十五分鐘……我記得有一天，她在《咪咪遊戲》（Game for cats）裡還得了超過兩千分。

我反對過度選擇——而如今，全世界的獸醫也正朝相同的方向努力[4]，因為這麼做會讓動物受苦。嘉琳奈年紀小小的時候就開始受苦了。我們之所以領養她，是因為她感染了杯狀病毒（calicivirose），對繁殖者而言失去了商業價值，但是病毒跟她的品種並無關聯。她並沒有活多久（四年），死因是類似於腓骨肌萎縮症（Charcot）的疾病，一種神經肌肉退化的病變。診斷由聖地牙哥（美國加州）的一家實驗室負責進行，而這種疾病可能（但無法確定）是選擇性繁殖的後果。她日常的不適與她的特殊性直接相關：如前面所說，缺乏毛髮讓她的皮膚極其敏感；因為無毛而產生的脂漏症狀，也讓她成為家裡唯一一隻會弄髒所有躺過的布料的貓。在她最愛窩的地方，那些油漬甚至洗都洗不掉。但即便如此（有時甚至正因為她的脆弱），我們之間的關係依然緊密。

我想，應該能說她是幸福的：她總是很開心，極度愛玩，親密程度也滿足了我們的期待。嘉琳奈的特質不同凡響，但她的品種卻是對貓尊嚴的侵犯。如今，已有數個國家立法禁止飼養某些品種的貓（當然也包括狗），因為選擇極端品種有損動物的福祉。在我看來，不得不訴諸法律是件令人遺憾的事：這意味著理性沒能佔上風。同時，這也可能催生出另一個平行的銷售管道，用更不尊重的態度販售動物。

二〇二一年二月，比利時的瓦隆動物福利議會（The Walloon Council of Animal Welfare）要求緊急禁止四個品種：耳朵折起且有眾多愛好者的蘇格蘭摺耳貓、曼島貓、曼赤肯貓以及具有萎縮或扭曲前肢的松鼠貓（或稱袋鼠貓）。議會還同時要求針對四個品種的貓，成立專門委員會：波斯貓、斯芬克斯貓、異國短毛貓、德文捲毛貓。假如這類組織早就存在，而法國也有成立，那隻藍眼睛、淺色皮膚的特別貓咪，或許就不會出現在我們的人生中了：但我們寧願犧牲那幾年的深厚關係，讓她免受這麼多的痛苦。

這一切都告訴我們，將貓科動物的未來託付給育種者是不合理的。不過，絕大多數的育種者對自己的貓都懷抱著近乎「發狂」的熱情，因此我肯定，如今我們可以攜手合作，大幅減少極端品種帶來的偏差，改善所有純種貓的福祉。

找回平衡的漫漫長路

至於收容所裡的貓，當然應該被收養，但說牠們出現問題行為的風險較高，也並不算是污辱。

首先，有些貓是因為不乾淨或有攻擊性而被棄養（出於貓咪問題行為而尋求藥物治療的案例中，這兩個類別就佔了八〇％）。在收容所裡，針對問題的照護並不規律：很多時候這些問題並不明顯或尚輕微，而且狀況差異很大。無論是動物生理或行為上的問題，收容所裡的獸醫人員或義工既沒受過診斷訓練，也沒經過治療訓練。

即使貓咪抵達收容所時一切正常，過於密集的群體生活仍然有可能造成問題。對貓來說，領地的管理與空間的適當規劃是維持心理平衡的基本要素（參見第2章），但無論義工或收容中心怎麼努力，這都幾乎是不可能的任務。

憂鬱的客觀跡象

要是你造訪收容所，會看見不同的貓群被迫共享一個空間。負責照顧牠們的人會說，這些貓幾乎不打架。而當我有機會留在收容所觀察時，也的確證實了這種情況。

但同時，憂鬱的症狀卻很明顯：造訪這些地方時，大多數的動物看起來都很平靜。但假如你觀察的經驗豐富，就會注意到有些貓的毛髮粗亂、打結，這代表牠們大幅減少了梳理自己的時間。這正是實驗心理學中描述的「習得性退避」或「習得性無助」的表現。這個現象曾在一九六〇年代中期由賽里格曼（Martin Seligman）和馬伊納（Steven Maier）[5]對狗進行實驗時提出，細節我們在此不贅述。用當前的知識和價值觀評判過去是件危險的事。無論如何，他們的理論確立了「習得性無助」的三個要素：缺乏因果關聯（個體的行動並不影響情境）、認知能力和行為反應能力。他們在狗身上進行、後來又對其他動物重複進行的實驗，本可用來證明自主思維（認知）的存在和憂鬱狀態的可能性，但那個時代可能不允許這種解釋。當個體發現自己的行為並不會對所在環境造成任何影響（缺乏因果關聯），且能意識到該狀態（認知）時，牠們就可能表現出與環境脫節或毫無意義的行為。停止梳理自己是其中一種表現，大幅度的行為抑制也是如此。當我們從精神病理學的可能角度來看這些現象，就能看見明顯的憂鬱症症狀。而賽里格曼和馬伊納的研究，因此被廣泛應用於人類精神病學領域的憂鬱症範疇。

因此，領養收容所的貓，就代表必須冒著把憂鬱症帶進家門的風險（依牠的性情和在收容所待的時間而定）。假如我是相信改變環境便能找回平衡的那種人，肯定就會說：「帶回家吧！不會有問題的……」可是我認為貓的心理狀態複雜多了，因此我會說：「帶回家吧！這樣做能救牠一命，不過你得做好心理準備，牠可能有很嚴重的精神創傷。」

當然，有些貓天生具備復原力，能在新環境裡找回平衡，但又有多少貓永遠無法信任他人、無法從病態的抑制行為中康復？

敏化與抑制

貓的另一部分天性是掠食者，這點從牠們的身體結構與歷史中便可見端倪，但牠們同時也是獵物，這使牠們更容易產生兩種病理過程：敏化（sensibilisation）和抑制（inhibition）。本書會不斷提及這兩個概念，因為這兩者是理解貓咪許多行為問題的關鍵。

行為抑制屬於面對恐懼或厭惡等外來刺激時的三種反應之一。英文稱之為三F反應：**逃跑**（flight）、**戰鬥**（fight）或**僵直**（freeze）。這三種行為反應並非反常，而且在許多情況下是存活的保證；但有時，它們會變成行為失調的症狀。不過正常行為與病理行為的差異通常很複雜，在我們的研究學科中尤其如此。我們界定了三個因素，其組合可用來判斷病理行為：缺乏適應能力，缺乏自發的可逆性，以及痛苦。

這就是憂鬱狀態的例子：它是自然的不可逆抑制狀態，進而阻止個體以最佳條件適應環境，而活在痛苦之中。

許多被關起來的貓都有這種情況，但這並不構成不領養牠們的原因；事實上，了解這個原因之後，或許更能提高人類的領養動機。

永不放棄的胡迪尼

不過，奇蹟總是存在……有些貓確實與眾不同，我在談到收容所的貓時，向來不忘提起胡迪尼！幾年前，我曾造訪一家位於巴黎的收容所。以收容所來說，那裡的環境頗為完善，也有格外細心的工作人員。每個狗籠前都貼了告示，說明該動物的經歷和行為特徵，至於貓……一開始，我看見有一整區安置的貓都生著重病，且帶有傳染性病毒，所以很震驚……我詢問所方怎麼回事，負責人回答：「喔，這些還不是最難被收養的，我們有專門收養這種貓的『客戶群』。有些人會說，『給我沒人要的那隻貓。我住在公寓裡，家裡沒別的貓，所以不會生病或是被傳染。我會盡可能照顧牠，給牠最好的生活條件』。」如此一來，原本可能無法克服的缺陷卻成了被收養的價值所在。我的訝異還沒完全平復，一位義工忽然說：「小心門後，胡迪尼在那裡！請慢慢接近，從門上的窗口往裡看，也許會看到他正準備逃出來。」我小心翼翼地接近，拿著手機準備隨時捕捉畫面，順利拍到了那隻正在思索如何逃脫的貓。

當大部分的貓選擇放棄時，有些貓卻永不放棄。胡迪尼逃脫的次數多到數不清：這成了新進人員頭痛的事，也可說是老員工對新員工戲而不謔的歡迎儀式。只要一聽見有人接近，這隻貓就會躲在視線死角，門剛打開就已經竄出去。他聰明絕頂，所以逃脫的位置永遠不固定。我甚至想像他筆直地貼牆站立，如同一片捲菸紙那麼薄，隨時準備從最窄小的縫隙滑出……

馴化？才不可能！

不過，我並不希望大家只在繁殖者或收容所裡找到想要的貓。禁止有教養且已經習慣狗、其他貓、兔子或小孩的家貓繼續繁衍，等同於傷害家貓的自由，也違背科學。

貓雖然和我們一同生活，卻不完全算是被馴化……

這一點無疑是牠們成功的原因之一：如同本章一開始引用的雨果格言，邀請貓進入自己家，形同接受野性。這意味著人與貓接納對方，接受彼此的親近、包容彼此的陌生。法國哲學家莫席左（Baptiste Morizot）[6]提醒了我們：「剛出生的我們睜開眼睛，見到的既是陌生人又是父母。」對家裡的貓來說亦是如此！牠們有時可以預測，友善又親人，但牠們的邏輯也可能在瞬間變幻莫測……

如此令人困惑的行為，幾乎像是有五個鎖的保險箱。不過，在接下來的五個章節裡，我會給你五把鑰匙，希望能助你進一步了解貓大致的習性，尤其是那些與你朝夕相伴的貓咪。

第一把鑰匙，無疑也是最重要的，因為它是許多重要現象的成因：必須了解貓同時是獵物與掠食者的雙重身分。貓堪稱能登上「同時是……」的冠軍寶座。事實上，鮮少有其他物種能將矛盾的行為演化得如此極致：牠們既是高效且高超的獵人，又能在瞬間轉變，運用迴避與防衛策略，應對潛在的掠食者或任何可能的威脅。

接下來這個畫面，發生在我家院子裡。短短幾秒鐘，卻教會我許多事……那堂課的老師是年輕的母貓琪琪塔（她稱得上是我最棒的老師），以及正在小草地上開心玩耍的垂耳兔麥片。當時只有四個月大的琪琪塔，看見兔子在院子裡……於

只要還有小貓就行

在今天的法國，你還是可以讓自家的貓生下小貓，只不過需要申報自己是繁殖者：這代表你必須遵守動物保育規則，這頗有道理。假如咪努雪生了一窩小貓，分別被充滿愛和熱忱的家庭收養，那麼之後讓咪努雪結紮會是明智之舉。然而，法律演變的情況大有可能讓人們得擔心，比如絕對禁止繁殖，這會使得人們只能領養結紮過後的動物。這種情況已經發生在許多品種貓身上，這些貓咪在「交貨」時便已結紮，主要目的在於降低商業上的競爭風險。

是她壓低身子匍匐在地，如同莽原上的母獅逆風朝羚羊潛行。麥片已經跟幾隻貓交過手了，能從餘光看見琪琪塔接近；而麥片雖是侏儒兔種，體重卻比琪琪塔重了三、四倍。當琪琪塔準備挺身躍起時，麥片冷不防衝向她。敵我之勢就在彈指之間逆轉，琪琪塔不得不立刻逃離始料未及的威脅。琪琪塔的生活向來平衡，所以這次經驗對她來說並不可怕，但這證明了生活永遠存在著兩種極端的可能性。牠是高強的獵人，但體型上的劣勢卻使牠成為獵物。從這點來看，貓就像祕密特務：擁有「殺戮許可」的同時，也代表牠們可能成為目標……

這個最尋常的日常生活畫面，卻蘊含藏在貓天性深處的原始真相：牠們具備掠食者的所有能力，同時也曉得獵物的適應對策。正是這點，讓牠們顯得複雜、有趣，同時更加獨特。就有點像樂透數字的組合，想像一下：掠食者擁有二十或二十五種原始行為，而獵物也同樣如此。接著請想像在十個主要個性特質中，每隻動物又會根據基因，抽出一個特質進行這場配對遊戲（基因無法左右太多物種差異，跟血統和個體卻有很大的關係）。個性特質和五個主要行為的組合，就形成該動物所謂的主導行為表型；亦即個體的表現，是從四十九個（或五十個）獵物和掠食者行為成分中，隨機抽取五個成分組成，再加上「個性之星」的抽籤結果，產生的可能性高達兩千多萬種。每隻貓都是獨一無二的：凡是與好幾隻貓共同生活過的人便能理解。琪琪塔教會我許多事，其中包括同理心、「獵物／掠食者」的雙重天性，她還生過三隻小貓：紅毛的榮恩、虎斑的哈利和玳瑁的妙麗。三隻小貓大不相同：除了紅色、虎斑和玳瑁的外袍（毛色）之外，個性更是大相逕庭。妙麗的母親個性平衡，其他兩個手足也稱得上穩定甚至大膽，但妙麗卻非常膽小。雖然和我們及母親生活在無需警戒的環境裡，但……我們總覺得她身處險境。

當然，琪琪塔是非常保護孩子的母親，甚至可說有點過頭了。我們有時覺得，若小貓始終和母貓有接觸，缺乏隔絕，牠們便無法完成發育，會長為較不成熟及獨立的個體。這三隻小貓和牠們的媽媽（我們無緣認識牠們的爸爸）表現出非常廣的貓隻行為模式，每一隻都獨立顯現出與家族基因有關的個性。

每隻貓都是獨特且不同的，但牠們全都屬於獵物與掠食者間的某個位置。過多來自獵物端的遺傳因子固然會帶給個體許多問題，但來自掠食者端的同樣會造成麻煩……

我們已經看過牛軋及其不受控的遊戲方式造成的後果：對他來說不過是遊戲，對主人而言，卻是不愉快、會受傷，甚至危險的行為。遊戲對成貓來說，是生活中的學習經驗及關鍵場景的重現：當貓模仿掠食者玩耍時，會精準地重現動作，但牠始終明白這只是「假裝的」（這也正是遊戲的本質），因此不該盡全力使用爪子或利牙。

這種掠食者天性，同樣展現在另外兩個較不尋常的例子中：

- 缺乏最少量刺激的環境
- 個體已有情緒失調現象的情況

因此，差異相當大的因素（某種發展過程中的失調，比如過動、不適當的環境條件或情緒失調）卻可能造成相同的掠食行為，關鍵在於治療一個症狀時，必須將個體與環境視為整體來觀察。

沒有敵人的戰場

最簡單也最常見的情況，就是個體缺乏最少量的刺激元素。以貓來說，就是進行掠食者行為。無論該行為是真實還是模擬，對貓來說都是健全發展的主要條件，能提高生活品質。假如發展過程初期的環境與之後的生活環境差異越大，症狀就會越明顯。

路西佛是一隻漂亮的黑色小貓。後來的主人羽格特的孫子女們，因為知道她在失去咪努之後很傷心，打算送她一隻新貓，而大家都認為到收容所領養小貓才是正確的做法。沒多久前，路西佛和同窩手足在一所小學操場下面躲了十五天才被送到收容所。

於是，路西佛到了羽格特家。羽格特在數個月前失去咪努，仍然十分傷心，卻不想再養貓了：如今她的生活範圍已經縮小到蝸居的程度，她認為自己身體不好，缺乏外來刺激，因此不願看到小貓也過著同樣的日子。她每天會坐在桌邊做些小手工活、縫紉和手作地墊，用針線工作打發時間，也會寫些東西和記帳。她的日常活動，讓小貓養成了某些在未來需要接受諮詢的行為。果不其然，路西佛會趴在桌上，猛然撲上羽格特正拿著針或筆的手。起初她一笑置之，認為小貓只是在玩；對牠來說這的確是遊戲。但很快地，羽格特就因為被抓傷，而拒絕接受。她開始拍打小貓以示懲戒，卻讓彼此關係更加惡化，小貓的攻擊也變本加厲。

的確，路西佛的生活環境不足以提供牠最低限度的必要刺激，使牠成為發育均衡的掠食者。牠會犧牲羽格特的腳踝和手來練習掠食者行為。每個擁有這類問題行為的貓咪飼主，說法都很類似：他們很清楚貓會躲藏在何處，也知道貓隨時準備要出擊。對飼主來說，這種行為剛開始是個驚喜！但隨著時間發展，他們會在越來越不讓人驚喜的地方發現小貓，比如走廊的櫃腳後面。只要一經過櫃子，家中的小老虎就會撲向腳踝，用前爪攫住後一口咬下，有時還會用下肢踢撓。

羽格特的情況也很類似：當她在縫紉、編織地毯或寫作時，路西佛會跳到她身上或咬她，有時會讓她十分疼痛。由於這個生活環境無法讓路西佛練習掠食行為，他便將重心轉向唯一的可能目標：羽格特。有些影片記錄下人類或女性行走的模樣，進而解釋其姿態與鳥類似，尤其是穿著高跟鞋的女性。我同意這個說法看似牽強，但是對貓的掠食天性來說，在毫無刺激的環境裡，任何動作都是相當好的觸發點。也就是說，這些攻擊行為是領域不足的直接後果。從前，這種症狀被稱為「封閉環境的貓焦慮症」，其名稱強調了行為失調的根源：貓從能夠捕捉獵物、埋伏等待的開放環境，轉換到了失去狩獵機會的封閉環境。

室內，還是室外？

我必須在這裡暫停一下，好好解釋。我想說的是，這並不代表貓就不能在室內獲得平衡的生活。只要有足夠的獵物誘導和模擬掠食活動，住在室內的貓也能具備完全平衡的發展。更重要的是針對未來將生活在室內的貓，提供牠們與野外環境相同的發展經驗，這樣就能讓領養過程更容易。已經習慣生活在室外和擁有天然獵物的貓，顯然不易適應封閉的領養環境。

有位專攻心理學的學生，為論文研究做了一項非常有趣的調查。我們想和她合作驗證一項看似是常識，且許多教學人員或獸醫都同意的說法：接觸戶外和可能的自由生活，能夠降低行為失調的患病率。

即使這種行為在當時的我們看來值得探討，但是因為缺乏數據佐證，所以很難進一步討論。該調查範圍相當廣泛：對象是來自九間獸醫診所的三百五十隻貓病患，結果顯示，能自由到戶外活動的貓，問題行為並沒有比只能在室內的貓少。

需要借助行為藥物治療的兩大貓隻問題，是不愛乾淨以及具侵略性。根據統計，無論貓是生活在戶外、偶爾能外出，還是完全無法外出，這類行為問題的發生率並沒有因此產生顯著差異，但在某些行為上則稍微有異，比如對流動水的需求。坐在水龍頭前，等著飼主提供流動水——這是家貓常見的行為。在今天，飲水機已經能滿足這個需求；但在約莫十五年前，無法外出的家貓對流動水的需求，比那些能到戶外飲水的貓更普遍。

至於因刺激引起的攻擊行為，以及因不當排泄或尿液標記而造成的環境不潔，這兩個主要問題在不同環境的貓身上則很類似。差別只在於，讓貓自由外出的主人會更惱火，覺得自己過得比把貓「關在屋裡」的主人還糟：因為貓明明有機會在戶外解決，卻還是得清理室內的排泄物。

小惡魔路西佛

我們再回來講路西佛吧！

他偏好每天，通常是在傍晚或夜色剛降臨時（羽格特觀察很仔細），開始抓手的行為。由於羽格特必須服用抗凝血劑，這樣的獵捕行為就會對健康造成大問題。羽格特告訴我們：「我覺得這隻小貓的行為很可愛，我也知道他想玩，但不知道他為什麼老愛抓傷我。」如今，我們將過去稱為「封閉環境中的貓焦慮」的現象改稱作「單調生境病理」（aploutobiotopathie）。也就是說，貓的群落生境（生命所處的環境，在下個篇章中會大幅討論這部分的行為異常）無法提供牠最基本的茁壯條件。無法取得平衡發展所需刺激的貓便憑空發明刺激，留意原本不會觸發任何行動的最少量刺激，比如筆或針的動作，或甚至是穿拖鞋靜靜走路。當然，與這些貓有接觸的人類，通常自然會做出懲罰的反應，導致貓發展出越來越猛烈的行為。打從貓被制止的那一刻起，雙方關係就會開始崩塌，對立情勢變得嚴峻，攻擊也越來越暴力——人貓之間的協調關係會消失。就像路西佛和羽格特，當情勢演變到這種情況時，獸醫就應該介入了：如同之前解釋過的，如果貓隻的症狀確實和不適當的生活環境有關，應該很快就能判定病症。大多數案例的診斷結果是外顯型焦慮，也就是伴隨著行為上的表現，比如不愛乾淨或具侵略性；或者是抑制型焦慮，甚至是憂鬱型，有點類似生活在缺乏外來刺激的收容所裡的貓。

治療焦慮的方法

假設有個員工，每天必須忍受一成不變且超出負荷的工作或騷擾，總有一天會觸發焦慮或憂鬱病症。有害環境若是不改善，病症便不會自動停止——最後需要醫療的介入。同樣的道理，生活在這種情況下的貓也需要生態性修復，也就是生物群落所在地的發展，必須符合該物種的需要；此外，醫療也是必要的，能夠重建貓的感官平衡和均衡發展，促使貓恢復健康。重要的是記住這點：看看羽格特！她跟很多面臨相似困境的老年人一樣，有類似的經典說法：「我就知道，我太老了，根本就不該養新寵物。我沒辦法提供必須的生活條件。」這樣想就錯了！我必須重複：這絕對足夠。對貓來說，即使是室內環境也足夠了，比如立體遊戲或道具、抓柱、可以攀爬的貓跳台。這些設備當然不能解決所有問題，但通常都能提高貓的生活品質。

在所有案例中，我們的治療方法都依循幾條主軸。

第一個要點，是增加對情勢的了解。該貓隻的伴侶，也就是飼主或貓的人類朋友，應該了解眼前發生的狀況。因此，我們對羽格特的解釋和她自己的看法並沒有太大的差別：路西佛的生活環境確實應該更豐富，但並不需要砸下大筆資金或修改空間結構。

第二點同樣重要，就是以同理心對待飼主和貓。我不知道各位是否有固定被貓追獵或攻擊的經驗，那種感覺很不舒服而且痛得很。雖然你也許會當作是遊戲而非攻擊，但那種行為仍然讓人

貓跳台

貓跳台要發揮效果，最好具備幾種能夠符合傳統貓隻需求的元素。首先，它必須有好幾層。不同的高度能讓貓自行選擇想獨處的高度，並建立有高度的安全處所。它也必須有幾個躲藏之處、多多少少封閉的盒子，或能鼓勵貓隻偷偷向外窺看的箱子，這也是許多貓最喜歡的消遣。貓跳台的柱子通常覆以繩子，能讓貓抓撓。如果架子剛好又位於窗戶前，讓貓能夠觀察窗外的動靜，那麼這個簡單的裝飾，就會成為貓健全生活的關鍵……雖說關鍵不止如此。

有身處險境的感覺。

對老年人來說，危險更是真實。比如羽格特必須服用抗凝血劑，貓造成的傷口因此變得更嚴重。以同理心對待羽格特，就要先看見她的失望並理解她的憂慮，同時還必須立刻讓她知道，無論路西佛的原因有多「正當」，都不能再讓他為所欲為了！困難之處往往在於對懲罰的看法。羽格特的看法和許多客戶一樣：動物必須受懲罰才知道自己做錯事。

干擾，而非懲罰

治療貓隻問題行為，我們最先開立的藥方往往是：絕對要停止懲罰。肉體懲罰當然得避免，此外還包括大吼和與懲罰有關的威脅。強迫並不算是種解決辦法，而且永遠是問題惡化的根源。這個問題很複雜：我們生活在各種社會和教育結構中，特定年齡層的人們更是習慣於懲罰和壓制。這也是為何長久以來，人們總認為貓難以學會任何事物。因為狗、馬和人類孩童的學習模式都基於懲罰：用戒尺打小孩的手，就如同馬鞭之於馬、棍棒之於狗。但這些方法對貓不管用：因為只要傷害或讓牠們感到害怕一次，之後（我們會再度討論這個話題）人和貓的關係就會永遠破裂。因此，必須使用非禁制的方式懲罰，但該怎麼做？有什麼方法，能夠不利用痛楚感或過分驚嚇的懲罰態度，卻能預防攻擊？解決辦法叫做「干擾」。具體來說，就是以不讓貓厭惡、受到恐嚇或強迫的方式停止其行為。比如，若要干擾你不喜歡的行為，當貓準備躍起的時候就可以用水槍噴牠——這樣做既不危險，也不至於太嚇人！假如你造訪我客戶的家，尤其是杜隆地區的客戶，就會看見奶奶或爺爺們腰間掛著水槍在公寓裡走來走去，彷彿酒吧裡的約翰．韋恩（John Wayne）。當潛伏在衣櫃後的貓在固定地點和準確的時機打算出擊時，只要牠一現身，原本被鎖定的受害者就會拔出水槍、盆栽噴水壺或清理電腦鍵盤的壓縮空氣罐，朝攻擊者噴出一記。這樣做能製造出類似貓在威脅時發出的嘶聲，用不痛又不可怕的方式，對貓傳達牠能了解的訊息。藉此能降低貓對人類的攻擊性，同時將牠的注意力導向其他的玩具、羽毛或綁在兒童釣竿上的布偶；一來保全了飼主的腳踝，二來也保全了動物的必要行為。慢慢地，飼主將不再見血，貓也不會受懲罰，雙方的恐懼都會消散，進而重建和諧的關係，貓也能繼續住在人類家中。否則假如貓對老年人有威脅性，很有可能就會因為孩子們或醫生的建議而被遺棄。

藥物的重要性

在路西佛和羽格特的案例中，我先藉由減少衝動式攻擊來治療貓的焦慮。飼主除了必須接受藥物治療的概念之外，還要有能力餵貓吃藥。如今，我們已經有一整套不同的動物治療方法，其中有幾種比較適合貓。

有些產品不需要處方就能取得，比如費洛蒙、營養補給品或芳療產品。有時可能需要使用精神藥物，但絕對應該經過獸醫開的處方：有些精神藥物專門用於動物，而獸醫也會考慮使用人類的藥物。現在的獸醫很幸運：能夠依據症狀的嚴重性以及接觸貓隻的難易度，來調整處方。總是會有辦法的！

但有時，我們仍然會碰到棘手的狀況。比如某隻性喜孤獨、個性自主的貓，表現出正在自我治療的現象，若為了降低過度衝動行為而給牠「吃藥」，似乎會與牠的現況產生衝突。萬幸的是，對這種衝突情況的認知正在快速轉變中。貓隻藥物在心臟、皮膚、傳染病等各方面都有巨大的進展，心理治療藥物也齊頭並進。

我為路西佛開立的精神藥物，是特別針對衝動性的行為，而且我確保羽格特能夠自己餵藥。她胸有成竹：「吃藥容易得很，我給什麼他都吃……所以我以前才不懂，為什麼他有時候這麼壞；現在我稍微懂了……請你告訴我，哪種貓跳台比較好？」她接受了我的貓跳台建議，而我也知道，路西佛的衝動和焦慮勢必會因此減輕。接下來，就要將整套能夠充實他身心發展的做法融入生活環境。

充實生活環境

我和羽格特選擇了符合公寓環境的貓跳台，也能為路西佛提供前面所說的功能。羽格特用原本就有的盆栽噴水壺取代水槍，因為她並不想玩牛仔和印地安人的遊戲。接下來，我們又用兒童釣竿玩具、羽毛和填充小老鼠為路西佛提供許多獵餌。在這些案例裡我們必須留意，什麼才能真正引起動物的興趣；必須找出能夠讓動物在追逐過程中感到滿足的元素，達到小型掠食動物的基本需求：狩獵。

一切都已經為羽格特安排好了。她想留下這位朋友，雖然他有尖牙利齒，卻也會在晚上睡在她身邊；偶爾也有那短暫但甜美的時刻：他會突然跳上羽格特的膝蓋蜷成一球，發出飛機引擎般的呼嚕聲，幾分鐘後又跳下來繼續玩他的貓咪遊戲。

兩個月後，路西佛已經不再抓傷羽格特了。他變成一隻愛玩、快樂的貓，屋子裡有許多藏身處：他既淘氣又好笑，逗得羽格特十分開心。他們相處得非常融洽。路西佛是個活生生的例子，證明了精神藥物不會改變個性，但是能夠（在這個案例中）讓個性受控，去除過度的衝動。羽格特尊重小貓的進食習慣（一天至少六餐），跟他玩遊戲，和他一起建立均衡的生活。在開始藥物治療的三個月後，我們便減少使用藥物，但維持同樣的環境治療手法。六個月後，路西佛已經不需要吃藥了。對小貓來說，羽格特的公寓非常充實，能夠幫助路西佛重建他的體內平衡和適應力。路西佛也學會如何把爪子控制得更好：他照舊練習自己的狩獵本能，但是只針對特地為他安排的物體。他也學會留神羽格特和她明察秋毫的水柱，兩者完美的配合消弭了任何攻擊可能。數週內，羽格特就已經不需要隨時攜帶噴水壺了。簡單來說，他們終於過上和諧的生活，療程也到此為止。此時的羽格特已經知道，如果「意外攻擊」又不小心發生，她能夠使用何種對策，也將這些對策告知了身邊的親朋好友。她還告訴我一件有趣的事：她跟之前的醫生說，自己很高興沒聽他的話棄養路西佛，而且還發現了更尊重動物生命及建立人獸信任關係的好辦法。

雖然並非所有故事都有好結局（如果你記得牛軋的故事），但是好的結果能幫助我們繼續這場通往和諧共存的長征，在過程中，除了尊重動物的福祉外，也尊重與動物共同生活的人類。

牛軋丁和卡特琳：治療情緒失調

在我的職涯中，有些病患身旁伴著了不起的人類，讓我學到了更多：他們的命運教會我們了解這個專業的根本，我們的任務則是發明照顧他們的新方法，以及幫助他們。假如貓一號女士是讓我走上研究貓隻一途的決定性原因，牛軋丁和卡特琳就是我在治療貓隻問題行為路上的里程碑。

牛軋丁是我多年來診斷、治療並持續追蹤的首個貓咪雙相障礙（dysthymie bipolaire）病例。這隻母貓為我打開了貓的「瘋癲」之門，牠的主人也讓我見識到，若有同理心和無比的毅力，人類確實能和異常棘手的病患共同生活。當時我還在杜隆擔任一般獸醫，每個月會有一或兩個星期四到尼斯（Nice）執行動物心理諮詢工作。諮詢工作主要是在診所裡，但有時也會到病患家中看診。

就這樣，八月的一個傍晚，我在尼斯美麗的音樂家住宅區認識了牛軋丁。她是隻年輕的暹羅母貓，而行為令人十分困擾。

這是許久之前的案例了，牛軋丁也已經不在貓世，不過我仍然深深記得某些細節。在那次家訪中，以卡特琳為首的家庭成員們向我描述了緊繃的情況，以及在極為精準的時刻突發的攻擊。

我見到牛軋丁時，她已經處於「糟糕時期」好幾天了，期間發動過無數次攻勢。我在廚房桌邊坐下。幾分鐘後，牛軋丁跳上我的膝蓋，卡特琳警告我：「小心，就算是最細微的動作，也會引發她的攻擊。」雖然很多客戶會故意開玩笑，想讓我們害怕寵物的反應，但這次可不一樣。坐在我膝頭的年輕貓咪就像鋼琴弦般不斷震動，我很清楚，眼前的威脅確實不假。我的另一個病例也有類似情況：每當貓發作，就會跳到餐桌上的餐具櫃上，任何小動作都會引發攻擊。那一家的父親於是會說：「誰都別動，把餐具放下，保持靜止。」由於之前發生過幾次慘烈的攻擊，全家都已經學會，唯有完全靜止才能降低風險。

就算牛軋丁的危險程度比較低，牠的攻擊可能仍然具有震撼力。

沒和患有這類疾病的動物共同生活過的人，肯定無法理解。而周遭的人多半會給你最傳統的建議，也就是把貓和危險一起送走。在某些情況下這是唯一的辦法，可是牛軋丁和許多其他貓咪都證明了，還有其他辦法。當然，飼主必須很有耐心並且小心行事，因為牛軋丁患有雙相障礙。

不難想像，在缺乏治療的情況下，一家人要繼續養這樣的寵物需要多大的毅力。幸好經過試驗和改良，如今某些藥物對這類問題能產生少許但可持續的效果。雖然無法說患了雙相障礙的動物能徹底被治癒，因為牠們仍有可能被觸發或出現危險行為，但只要原本嚴重的狀況稍有減輕，收養家庭就會更有動力，進而幫助我們治療這些動物。我們會建立一個更能預期發病的環境；即使病況剛開始無法預期，要看出徵象也不會太複雜，也就是說，飼主能看出危機即將發生的事前警告，預知寵物將會變得危險。在這種時候，飼主會無法控制、也無法嘗試控制動物的行為。取而代之的是將寵物隔離，並尋找掩蔽之處；大多數情況下，會將寵物鎖在沒有視覺或聽覺刺激的房間裡，盡可能降低癲癇程度，有點像人類發生癲癇時的做法。事實上，兩者十分接近：危險發自內部，但是許多外在因素卻會讓情況變得更嚴重。上個世紀企圖區分神經病學和精神病學的做法，無疑是最大的錯誤之一：兩者研究的目標器官都是同一個，而且有時差別僅一線之隔。在不

雙相障礙的症狀：行為極度不穩定

動物的雙相障礙和人類的近乎相同，病患的內在情緒會發生波動，可能因環境中的顯著變化而觸發，有時甚至無法找到明確的誘因來解釋其發作。與患有這種疾病的動物共同生活相當令人不安：牠的行為完全無法預料。也許前一分鐘還很貼心，行為完全正常，比如想被飼主注意、渴望撫摸等親密行為；但下一分鐘卻可能變成狂暴的野貓，雙眼瞪得突出，毫無節制地揮動爪子與撕咬，完全失去控制。

久之前，針對這類病症的醫學專業被稱為神經精神病學。這門專業的重要性使兩者到最後無法被分開，但起初是心理分析理論造成了身與心的分別。身為獸醫的我們十分幸運，由於動物不會說話，我們才始終沒忽略腦和其他器官之間的緊密關聯。不過，這又是另一個話題了……

永不分離的牛軋丁和卡特琳

我見到牛軋丁的時候，動物病理行為學的專業才剛起步，對於如此複雜的案例所知有限。不只對待寵物，她的飼主卡特琳對待我這個想盡力找出治療方法的獸醫也很有耐心。對我而言最重要的時刻，就是診斷出病症傾向，並且對飼主解釋可知的治療方式時。這時飼主們的焦慮往往會大幅降低！他們會知道，自己面對的不是某種無法想像的事件，而是一種已知的、影響寵物的病症。在最近的疫情期間，我從一位首次找我做遠距諮詢的飼主身上，學到了不起的一課，因為她遍尋不著任何人，可以幫助她有雙相障礙的狗。原來這位女士是精神科護士，我們通電話時，她說：「我之前就想，我知道我的狗得了什麼病，但每次我提起這件事，別人都會說：『唯一的解決辦法只有安樂死。』你想想看！如果我們對人類也這樣，把每個有雙相障礙的人都送去安樂死，那會怎樣？認為動物不值得和人得到同樣的治療，真是件匪夷所思的事。」

我對這番見解深有同感。我知道，對某些人來說，動物和人類之間隔了一層玻璃天花板，他們聽到這些話肯定會大為震驚，並且認為用同樣的方法照顧動物簡直不可思議。出於哲學或宗教原因，將人與動物的精神疾病照護混為一談，會讓某些人無法忍受。針對他們的看法，我會說：把動物與人視為截然不同的生命，才讓我更吃驚。

有時候，限制我們的是技術、缺乏適當的產品與認知，或缺少某個抑制失調症狀的手段。在面對非常危險的病例時，假如寵物已經危及人類家庭或完全失去動物的靈性，我們會不得不放手；但通常，我們都會在徵求每位當事人同意後嘗試治療。牛軋丁就是一個例子。

當時我正在試驗一個新產品，是標榜可以調節情緒的情緒穩定劑，試驗對象是狗和牠們的焦慮失調現象。我必須強調，獸醫使用的藥物極少是針對貓隻的，專用於貓的精神藥物也不存在。唯有透過研究、專業文獻，尤其是經過貓病患飼主的允許（基於雙方的同情心達成的協議），才能另闢蹊徑。顧名思義，神經官能性憂鬱障礙是類似憂鬱症（人類的憂鬱障礙藥物通常如此稱呼……）的情緒失調。

卡特琳同意之後，我用 E828 C 產品在牛軋丁身上做實驗，它專門調節情緒、抗焦慮、保護神經元，不過當時並沒有確切的證明。

我並不是第一個嘗試治療牛軋丁的人。在當時，有少數幾位對問題行為有所涉獵的獸醫為牛軋丁看診，他們已經試過幾種醫學治療方法了。苯二氮平類（benzodiazepines）和嗎啡類（morpholines）藥物不是毫無效果，就是在危機發生時讓失調症狀變得更嚴重。

牛軋丁發作時的現象很壯觀：毛皮滾動徵狀（Rolling skin syndrome，簡稱RSS）、尾巴彈動（尾巴在癲癇發作時猛烈揮舞）、失認（這些貓往往認不出自己的尾巴，於是發動攻擊）。

這些時刻的貓顯得既陌生，又令人為牠痛苦：雖然牠們不會說話，但是請你相信我，發作起來不但肉體疼痛，在精神上也是難以承受的折磨。

斷定病症之後，我便進一步解釋病症背後的機制：飼主不該自責，而應該理解這是自主發生的內部病症，飼主在幫助牠時，不須覺得自己對寵物的病有責任。比如牛軋丁的家人，在領養她不久前才失去上一隻貓。卡特琳向我坦承：「我們傷心到沒能好好關心她。」我在另一本著作《愛的代價》（*Au risque d'aimer*）[8]裡，討論過將新的狗或貓作為替代的情況，但我可從沒見過會因此造成雙相障礙！要知道，錯不在任何人，也沒有所謂的前因後果：疾病本身才是重點……

接下來，我又提出了富有同情心的治療方法：神祕的E828 C是錠劑，對貓來說很難吞嚥，但卡特琳和她的家人下定決心要做到。多年來我學到，遇到限制時，動機能讓你克服許多障礙，在照護寵物的時候會激發許多創意，儘管有時確實很難讓貓咪乖乖吃藥。

吃了藥的牛軋丁漸漸改善了。但請注意，她並沒有被治癒。狀況看似好了一些，但幾天後，有個小侄孫女在公寓裡活動，卻又引發新的攻擊行為。卡特琳在我某次家訪的過程中說：「這個家從前是不堪居住，現在則是尚可接受。」當然，我們更想聽見勝利的宣告，但是面對這樣的精神失調病症，這句話已經帶來希望，給了我們繼續治療下去的理由，為了讓貓和飼主擁有最好的生活品質，而持續尋找更適合的方法。

在之後的許多年，我持續收到牛軋丁的消息：她的病伴隨她過了一輩子，但大致控制得不錯；她被無窮盡的善意、理解和愛包圍著。假如那位護士有一天讀到我的書，我想請她放心，因為有越來越多的人深信：我們不知道如何治癒每種病症，但不會因此停止治療、陪伴，以及讓許多看似無望的生命有機會茁壯下去。你在本書中還會看見其他病例，這些貓讓我們得以驗證貓隻精神病症的存在，正如許多以狗為目標所做的研究結果。

在這一章裡，我們已經討論過所有會加強貓隻掠食者天性的原因了。有些案例能夠藉由充實生活環境來解決，緩解貓隻的情緒壓力；另外有些病例則需要較多的治療，因為牠們缺乏自我控制能力，或甚至無法辨認現實。這類病例的結果多少比之前穩定了，雖然無法確保不再發病，但至少仍有希望。

第2章 貓的領域：美好生活的基本

「我愛貓，因為我愛我的家，而牠們會一點一點地變成家的可見靈魂。」

——法國詩人尚・考克多（Jean Cocteau）

和我們住在同個屋簷下的掠食者幾乎沒被馴化，有時還會回歸野獸狀態。但我們仍然喜歡牠們，而且（在大部分案例中）我們並不想放棄這種寶貴的共存型態。和一隻或數隻貓共享一個家，就等於接受彼此、與極為不同的對方過著和諧的日子，只需要我們尊重其他個體所有奇怪之處，並且同意交換共通利益。在這個交換過程中，能讓雙方感到驚喜，並且一同享受樂趣的接觸式遊戲，佔了重要的份量。

要共享利益，首先就要找到自己的位置，亦即分享住的地方。這就是我們這趟旅程的第二個階段，也是進入貓之國度的第二把鑰匙：牠們的生活建立於棲居處的和諧程度，以及是否能照自己的喜好和幾個特定基本條件來組織棲居處。

因此不難想見，這也是許多問題的根源。

小甜甜公主

根據飼主卡蘿的說法，小甜甜是公主。

她們住在巴黎的公寓裡，有時卡蘿的女兒會來同住。一切都很順利：她們共度親密的時光，日子也很有規律。小甜甜通常睡在主人床上或櫥櫃裡，她非常乾淨——大小號都在砂盆裡解決。

後來，疫情間的封城期開始了：為了住得舒服點，卡蘿決定搬到她父母位於南部的房子，好有更多生活空間。同時搬下來的還有她的女兒和兒子，以及兒子的女朋友和另一位朋友：卡蘿很怕弄壞母親的房子，然而不過幾天的時間，她就沮喪地發現，小甜甜變得不愛乾淨了。她先是在床上尿尿，然後是沙發，之後又是單人扶手沙發。公主，成了髒兮兮的僕人。

卡蘿的假設也許有道理：匆促的搬家活動害小甜甜「緊張」；不同室友的存在也讓她

不安。卡蘿認為，小甜甜跟兒子不太熟，兒子無法讓小甜甜安心。不過，小甜甜的就醫記錄並沒有指出她曾經有過焦慮症狀，所以她的所作所為是滅跡排泄，而非做記號。

準確判斷排泄行為

我必須花點時間解釋，因為這對於診斷相當重要。當客戶向我抱怨家裡的貓混亂不潔時，假如不繼續詢問牠的行為表現，這個訊息就無法代表任何意義。透過接下來的五個問題，我們就能大致分辨貓咪是在進行「滅跡排泄」還是「做標記」。

貓排泄時，是最容易受攻擊的時刻：此時必須靜靜地進行，並且掩埋自己的形跡。做標記則是給其他貓隻的溝通方式：與多種溝通管道有關。兩者不只是理論上的差別：尿液標記與焦慮程度有關，必須進一步研究其原因；而滅跡排泄的發生，首要原因則在於貓原本的排泄環境出現改變，貓無法繼續使用。

小甜甜的案例發生在疫情間，所以是透過遠距諮詢。我和卡蘿通話時，她跳上卡蘿對面的單人扶手沙發，開始進行一整套美妙的滅跡排泄程序。今日的科技讓我們得以在某些狀況下，進行這樣的諮詢：能夠目睹動物的行為，否則最多就只能靠飼主的口頭描述來了解實際情況。我請卡蘿用視訊讓我看看房子的內部環境，特別是小甜甜休息、進食、瞭望觀察、與人互動，以及亂尿尿的地方。

檢視放貓砂盆的浴室後，我們找到了答案。匆忙搬離巴黎的時候，沒人記得帶著小甜甜喜歡的慣用貓砂。卡蘿慶幸自己能在本地的小超市裡買到另一種貓砂，但那卻不是小甜甜愛用的。你覺得她是挑剔的小公主嗎？這可不一定。

有組織的生活空間是貓隻均衡發展的核心元素，對牠們的行為來說，是無可退讓的必要條件。牠們不會氣得跺腳、索求自己喜歡的產品，但一旦生活環境中的重要區塊組織被打亂了，牠們就會失去平衡。在為小甜甜尋找適合貓砂的同時，我也建議在她的食物中加入具有抗焦慮效果的補給品，避免外在的環境改變造

滅跡排泄v.s做標記

	滅跡排泄	做標記
姿勢	蹲踞	站立
排泄物的散布方式	水平式	垂直式
數量	多	少
聲音	無	有
動作順序	嗅聞地面，抓撓，轉身，蹲下，靜靜地排泄，踢抓，埋起，檢查。	裂唇嗅／翻起上唇聞嗅，轉身，尾巴高抬，噴出尿柱同時發出特殊的聲音，然後離開。

成情緒失調，並降低焦慮發生的機會，從而解決她的問題行為。不過卡蘿根本來不及給她吃抗焦慮補給品。

因為卡蘿才換上她熟悉的貓砂，不愛乾淨的問題立刻全都消失了。想讓僕人變回公主，需要的條件其實並不多！

貓：人類價值觀的鏡子

今日有些人把貓當皇帝，但是貓自己可能沒有這樣的嚮往。[1]我們獸醫看過的貓越多，就越覺得人們的描述不尊重這個物種：我們不該將人類的缺點和品格投射在貓身上（擬人化），也不應該只用人類所知的標準評斷牠們，高高在上地貶低其他所有物種（人類中心主義）。我試圖避免掉入這兩個陷阱，同時卻又盡量將貓的世界與人類世界相比擬，讓人類更容易理解。我們應該記得維根斯坦（Wittgenstein）談到某隻大貓時說的話：「假如獅子能說話，我們就無法了解牠了。」我們人類總是按照自己的信仰系統解釋眼前看見的事物、關聯以及價值。貓為此付出代價：牠們奇特的行為，曾一度被視為惡魔或女巫的邪惡事蹟。如今，同樣的行為被我們用現代的價值觀衡量，卻被當作經典。

貓雖然不是皇帝，在寵物人氣排行榜上，卻幾乎要登上衛冕者的寶座（事實上，在法國和德國已經是如此）。

我在一九八〇年間開始執業時，法國有一千多萬條狗，不到八百萬隻貓。在今日的二〇二〇年代初期，法國有一千五百萬隻貓，貓和人的比例最高，大約是一比五；尤其是家貓，其數量比家犬多了一倍（一千五百二十萬隻貓，七百二十萬隻狗）；其他國家則不然。雖說全世界都對貓瘋狂，但唯獨法國的貓數量勝於狗，這點讓人吃驚。

家犬的數量落後是有原因的：我認為對於所謂危險狗種的法條和媒體報導，使得人們誤解了真正的危險，進而降低對最忠實朋友的喜好度。在這段好消息不多的年月中，有個很不錯的消息：人們養狗的渴望在新冠疫情期間驚人地上升。包括法國在內的許多國家對狗的需求大增，甚至使得幼犬供不應求。疫情期間出生的幼犬有時也會有某些行為問題，但那又是另一個話題了。我們希望這種對貓暫時的需求下降會再回升，成為貓隻演變過程中微不足道的一部分。

有兩個因素，影響了這場和平的貓咪入侵行動：

- 貓可說是為了社群媒體量身打造；

• 貓符合新的生活型態。

另類的網路明星

第一個因素是出於審美，我們必須承認：沒有比小貓咪更可愛的動物了，牠們是可愛比賽的冠軍得主，網路的明星。這一點有時會讓獸醫們很沮喪，因為獸醫們為了讓官網富有生氣，試著在診所官網放上各種有用的醫學訊息和科技新知，結果往往反應不佳；但是一放上可愛小貓的照片，網站流量反而衝上新高。除此之外，就連成貓也能沾光。

也許你聽說過那隻叫「塔達醬」的貓，牠的暱稱是「不爽貓」(Grumpy Face)。牠的飼主彭德森（Tabatha Bundesen）有個攝影師兄弟，把牠的照片放上網路後大受歡迎，牠一臉不爽的表情配上字幕，成為了成功的迷因。

「不爽貓」傳達的訊息是對人類的蔑視和討厭，娛樂了數以百萬計的網路用戶。但這隻貓不只是一時爆紅的迷因，還牽涉到令人嘆為觀止的貨幣化現象：雖然牠的飼主不願證實，但不爽貓透過廣告、商品和抄襲訴訟，大約賺進一千萬美元。[2]

牠的故事傳遞了幾個訊息：遍及各地的照片和厭世文字娛樂了全世界，這一點很重要。不爽貓是嘲諷和挖苦的代表。

我也驚訝於一件事：竟然沒有一個人，得知牠獨特的外表是出於某種侏儒症而表示震驚，這正說明了這隻貓身處的世界，與人類極為不同。我們根本無法想像一個患有軟骨發育不全症的人類配上幽默的文字，尤其在美國這個講究政治正確的國家，往往對幽默有許多限制。不爽貓的照片和文字並不是以變形的貓臉打趣，而是用牠厭世的臉配上相符的訊息。這隻不幸的貓女士（沒錯，牠是母的）在七歲時死於腎臟衰竭。我對於金錢利潤並不驚訝（人們已經很習慣接受網紅們的金錢收益，貓網紅又更令我樂見其成），但我不願意看見牠被拿來傳達負面訊息。我最近一次看見牠的迷因，是在牠死後許久：「我說最後一次，貓不會傳染新冠；要是牠們真的能，那絕對會傳染給人類。」我有時也跟其他人一樣，會被某些幽默訊息逗樂，同時又覺得抱歉，因為這些迷因無疑讓人類對貓咪的誤解更深了。

熱潮的起因

在法國，貓和狗的飼養數量曲線的升降，原因可從生活型態的轉變來解釋。新冠肺炎改變了許多事情，我從同業得到的訊息是，人類開始隔離後，對貓和狗的領養率同時大增，而不只是針對貓。回想二〇二〇年伊始，你會想到什麼？法國許多人住在城市中心的小空間裡，迎來一隻狗根本是無法想像的事，尤其法律對危險狗種的規定，更有損狗的名聲，這再次說明了為何家犬的數量少於家貓。不過，這卻忽略了人類的嚮往和需要，人類覺得需要寵物相伴：這代表承諾，以及實現承諾的親密感、關切，甚至是愛。身邊有一隻寵物，能改善人類的健康和整體生活品質，給我們更確切的目標。這些說法也許像是老生常談，但有數以百計的科學研究支持這樣的論點，包含近期的一個整合分析，證明了養狗能延長壽命。[3]

但是，討論養貓好處的文章就比較少了。當然，貓需要的活動量不如狗那麼大，也不會主動要求許多社交接觸：以科學方法衡量對健康和情緒造成的影響時，往往都從衡量彼此關係著手。人貓之間的關係與人狗之間不同，雖然看來無庸置疑，卻是造成許多誤解的原因。舉例來說，許多研究只納入建立人狗之間關係的元素。[4]許多沒辦法養狗的人自然而然地領養或購買了貓，卻希望得到同樣的互動關係，結果多半會失望。

總之，城市化使得寵物貓的數量大為增加。但為何只有法國的貓和狗數量有如此大的差異？

因為法國人除了選擇適合居所的寵物外，還考慮到自己的工作條件。我們的假期比歐洲任何國家都多；工時甚至在疫情前便已持續減少，無論是時數還是天數，在在鼓勵人們不斷離開住處、到外地短期度假。這種情況會讓養狗的人難以規劃假期（或是花費會很昂貴），但養貓就不同了。在大部分情況下，只要使用自動餵貓器，出門之前準備好乾淨的貓砂，我們就可以無後顧之憂地離開貓咪兩、三天。

所以，除了好看之外，貓還很實用！

但是得小心，別被騙了！有越來越多貓因為獨自被留下而出現壓力症狀：過分舔舐自己，直到尾巴或肚腹變得光禿禿、四處排泄、在不同地點排尿做標記，日漸增加的許多信號告訴我們，人貓之間的規律互動對貓咪和牠的同胞們來說很重要。最後一個，無疑也是最重要的因素——貓會回應我們的生活趨勢。牠們在幾項特色中扮演先驅角色：

- 對身體的重視（我先不揭露所有內容，但這是另一把鑰匙）；
- 喜好「繭居」。留心室內環境，並且讓該處成為安居之處，提供精神慰藉。貓已經花了數千年練習這項藝術，因此拉近了人貓之間的距離。

滿足條件的生活空間

貓不是皇帝，但當我們從前面提過的角度看牠時，就會發現牠總是在監視著住處，彷彿那是牠的地盤；把自己放在最頂端的地位，讓我們聯想到威嚴和權力。現在，我們先把這種錯誤概念放旁邊，善用手中的鑰匙。還記得我給你的第一把鑰匙嗎？貓既是獵物，也是掠食者。

現在你有了第二把鑰匙：貓的居所極為重要。我們先想像自己是隻貓，走進牠們有如迷宮的大腦。我常常要各位從貓的角度出發，別用人類的邏輯來為貓思考，而是要用貓的眼睛、大腦、情緒和認知看這個世界。這麼做很困難，甚至幾乎辦不到。要從貓的立場了解世界，我們眼睛所見到的、耳朵所聽到的、鼻子所聞到的都得跟貓一樣，而且必須有「感覺毛」(具有受器的長鬚)，知道如何處理感覺毛接收到的訊息。不過你會發現，只需經過少許練習，很快就能讓自己站在家裡那隻愛貓的角度思考。牠高高在上的神祕地位也許會被動搖，但這只會讓牠變得更加迷人。

由於既是獵物也是掠食者，貓必須具備不同感知，以便適應這種雙面性；牠也會依照這種雙重天性安排自己的居所：懂得保護自己，同時進行狩獵。

在我記錄的病例中，一旦打亂原本和諧的兩個極端，通常就會造成不平衡，引發臨床上的症狀：貓無法用牠滿意的方式重新組織領域。

現在，我們先來釐清一個科學家們彼此爭議的要點。我會重複提到「領域」這個字眼，但它指的是日常生活中的地盤，不具行為學上的含義。物種具有領域概念，代表該物種會保護其地盤上的一切，尤其防範牠的同類；繁殖伴侶和後代則除外。貓卻不然：許多貓都有保衛生活環境的能力（而且手段極為有效！），但卻不包括所有的居處空間。相反地，牠們可能願意在某些時刻分享某些空間，比如遊戲或被撫摸時。總而言之，許多互動說明，牠們不能被視為領域性動物。

因此，是時候改變我們對領域的理解，加入少許修正了。比利時哲學家戴斯普雷（Vinciane Despret）對鳥的研究，與我們重新定義領域的研究相呼應。[5] 容我借用她的說法：「談到貓，我們絕不能沿用郊區屋主的想法。」我的獸醫同業們有時講到貓的領域，就像是在講生活空間、聚落或住處範圍。對我們來說，這四種說法都是相同的概念。就算本書使用「領域」這種詞彙，也不是狹窄地定義地盤空間。

然而，貓的平衡發展奠基於牠滿意的生活空間，除了讓牠感覺安全之外，又能讓牠表現喜愛探索、觀察、狩獵的天性。

假如這一切都是必要的，那麼是否有可能在把貓養在公寓的同時，又不違反這些基本規則，不將牠視為囚犯或受禁制的動物，而且有辦法讓牠展現天生的行為？

在這個年代，答案是絕對可以的。沒錯，如果養在公寓裡的貓能得到必要的資源，確實能夠過上完全平衡的生活。請放心，提供正確的生活條件並不複雜，絕大多數來就診的貓最後都活得很快樂，擁有牠們需要的一切。

當然，這種許多業界獸醫共同的看法顯然並沒有佐證。我們會在之後的章節詳細討論（參見第4章）。但請記得，經過我的獸醫心理學文憑課程所出版的論文和許多研究結果顯示，能夠到戶外和無法接觸戶外的貓之間，其問題行為的患病率並無差別。

五項基本需求

現在，我想請你一同了解貓的生物群落構造。

請記得數字五。在理解貓的時候，它是個神奇的數字。貓將牠們的世界分成不同區塊，無論是一般的生活環境、室內或室外、獸醫診所的籠子裡或大自然中，都能按照五個基本需要分成五個區塊。

這些區塊由不會改變的路徑連結在一起，以明顯的費洛蒙標記。

對貓來說，這個空間極為特別：除了主要的嗅覺系統外，貓還有一個專門偵測費洛蒙的輔助嗅覺系統。因此，貓的領域是借助五感組織出來的，五感的指揮中心則是兩種嗅覺型態。此外還有一個時間元素：屋子裡有些地方永遠不能作為早上的獨處區塊，但是下午卻很適合。

地盤與和諧

根據貓隻本身、其穩定性與時間分配，這些區塊提供我們許多關於平衡的相關知識。

解釋完基本的結構後，現在必須進入細節了。如果你有貓，就請拿起筆記本或紙，畫出你

貓的五個生活區塊

- 獨處區塊：貓在這裡休息、梳洗，獲得最多安全感。
- 進食區塊：貓在這裡進食或覓食。
- 排泄區塊：經過謹慎選擇，可以在極度安全的環境裡上大小號；這也是貓和人禮尚往來的區塊。
- （獨自）活動區塊：貓能在這裡花很多時間觀察、狩獵、玩耍，不需要有伴。
- 互動區塊：雖說不是非有不可，但是家貓會尋求並且也很喜歡互動。互動行為通常發生在特殊的地點和特定時間。

家貓咪的生活環境：你會發現，這張圖解釋了牠的許多行為。

獨處區塊：避難天地

一切榮耀歸於領主。

用貓的方法思考：假設你是獵物，那麼你會在哪裡休息，又會在哪裡梳洗呢？在這兩個時段中，你無法跟平常一樣警戒——因此肯定是非常安全的地方。而另一方面，在掠食者模式或其他「不認為周遭有危險」的情況下，你會舒服地躺下，沒有任何掩護，也不覺得危險的個體會進入這個區塊。

你的貓晚上最喜歡在哪裡休息，或睡長長的午覺？

費加洛總是喜歡臥在碗櫃頂，那裡還有一個寬口瓶，在提供牠藏身之處的同時也是完美的瞭望台。杜內在安靜又易於進出的房間裡選了一張搖椅。至於那些與我共度人生的貓，神秘的妙麗總是躲起來休息，琪琪塔佔據沙發正中央的位置；之前提過的小無毛貓嘉琳奈，會睡在我和電腦螢幕之間。而現在芙蘿拉則盡其所能睡在我身上：她會趁我睡著時無聲無息地走過來躺在我背後，而我會假裝沒看見。

我們之前討論過有過動症的貓：其中一個診斷元素，是混亂的睡眠地點。這些貓可以在任何地方睡覺，比如五分鐘前牠玩耍的位置。過動兒的家長也會有類似的說法：很難哄孩子上床睡覺，但當他們累壞的時候，卻會像關掉開關一樣，突然就陷入沉睡。[6]

我曾經幫兒子照顧哈姆斯幾個月。哈姆斯這隻貓無疑具有過動徵狀，而治療救了他的命。在這裡我之所以用他為例，是因為他是個既混亂又好笑的寫照，呈現出過動動物打造獨處區塊的方式，與其他貓確實不同。

我有幾張照片，拍的是睡在兒子家客廳正中央木頭地板上的哈姆斯。如果你是想要有一絲掩護的貓，就不可能這樣做，因為任何人都可能出現，撲過來傷害你。隨著治療過程的進展，哈姆斯學到獨處區塊應該符合幾個條件：他會選擇仍然暴露在外的高處，比如餐桌、舉重板凳或燙衣板。之後他又看上了更高的地點，去家裡的貓從未到過的地方睡覺，比如比兩公尺還高的廚房家具頂上，變成他最愛的位置。有時我會感覺自己正被監視著，抬眼一看，高處有兩個三角形小耳朵正對著我。最後牠學會了被包圍的需要，開始想被保護起來，於是嘗試躲進放在燙衣板上的洗衣籃裡。這是貓咪的經典做法，卻是許多人的惡夢，因為洗衣籃裡的衣物會沾滿貓毛。被趕出洗衣籃後，他接著又佔領洗臉盆。我會發現他蜷縮在浴室洗臉盆裡，有時當我告訴他我要用洗臉盆、一開水就會淹沒他的臥鋪時，卻似乎能看見他一臉不滿的表情，而我確實也因此換了地方刷牙。除此之外還有衣櫃，這回可是在裡面！想知道他把哪個地點當成新家很容易，看看地上的衣服堆，就知道那個衣櫃已經被他看中了。從此之後，我確保自己一定會問飼主同樣的問題，並且將獨處區塊的建構模式作為治療過動症的追蹤重點。過動貓無法自行建構規律並且讓牠放鬆的獨處區塊，焦慮的貓則總是會尋找保護性最強、掩蔽性也最高的地點，而且不願意與他人分享——至少在大部分案例中是如此。我們同時要記得，概括的看法會招致誤會，有些飼主告訴我，牠們的貓唯有貼著他們的頸窩或後背才睡得著……這種情況下，我們又必須留意自主神經類的病症了，類似的病症會讓成年動物無法獨立，必須隨時仰賴依附對象。有時或許只是貓自己的隨意選擇，不過這個說法尚待驗證。總之，家裡的貓選擇的地點，已經告訴我們許多關於牠們情緒平衡的訊息了。

進食區塊：吃飯皇帝大

家貓是我們的夥伴。牠們享受我們提供的食物，同時又不會傷害我們。再者，是因為我們不讓牠們自行狩獵，否則牠們絕對有能力自給自足。當牠們的食物控制在我們手中時，有三點必須考慮：

- 進食處必須受到保護，讓牠們毋須冒著風險進食；
- 進食的頻率；
- 食物內容。

我們還是要先忘掉自己的人類認知、忘掉對狗的理解，進入貓的腦袋裡，同時用獵物和掠食者的身分思考。在大自然環境中，貓花很多時間狩獵。在這些情況下，牠隨時都在觀察四周，所以非常警覺，既處於狩獵模式，同時也處於自我保護模式。牠能夠花上幾個小時監視有小型野鼠和田鼠出沒的洞口，準備在獵物出現的時候捕捉；也能夠長時間伏踞等著捕捉鳥類，雖然成功率很低，卻並非毫無希望。

根據傳統行為學書籍[7]，一隻貓一天的食物量差不多是十至十五隻小型野鼠。牠們為何食用小型獵物，而不像牠們的獅子親戚，吃一頭足以讓牠們飽足數天的大型獵物呢？

我猜你正等著我說出答案。獅子飽餐一頓後，會做什麼呢？牠們會邊睡大覺邊消化……而睡覺時根本不怕被攻擊。對貓來說則不然：先少量進食，然後在有屏障的地方休息更安全，能避免其他掠食者趁牠們長時間失去意識時發動攻擊。清楚「獵物／掠食者」的雙重身分，是了解這種行為的關鍵。

了解這個道理之後，另一個問題又出現了：這種天生習性也能用來解釋城市公寓裡的生活嗎？當然可以！分次給予食物，就能滿足貓的這種天性。這是許多行為失調的根源之一，但很容易就能矯正。我們來看看可康的案例：他是一隻帥氣的黑色歐洲短毛貓，因為腹部和大腿後方嚴重脫毛而被帶來接受諮詢，我們稱這種問題為貓隻過度脫毛症。除此之外，他看起來很好，肚子圓滾滾的。過重的體型顯示他不缺食物，不過！

可康的一般科獸醫轉介他接受皮膚專科醫生的諮詢。最常見的脫毛症成因是跳蚤和對跳蚤唾液的過敏反應。他做了所有檢驗，排除所有寄生蟲、細菌或真菌感染後，下一個可能原因就是行為方面了。我們會用雙目鏡檢查貓病患的皮膚，同時觀測健康皮膚和自主性脫毛或無毛部位。結果顯示，可康的脫毛來自過度舔舐，這些毛通常很短，截斷位置接近皮膚，彷彿被非常鋒利的剪刀削過。貓舌上的角質化乳突就像銼刀，當他無法克制地舔舐自己時，會讓貓毛從根部被削除。這種舔舐現象是一種替代性行為，同時也是焦慮的重要標誌性症狀；另一種症狀則是暴食。這兩種症狀對可康都造成了直接的後果：中度過重和程度更嚴重的脫毛。因此，他確實處在焦慮狀態，但我們仍需找出根本的原因。調查病因的過程總是微妙又令人興奮：在過程中，我們可以走進病患的腦海思考，有時甚至從飼主的角度去檢視。

亞倫和賈克琳非常愛可康，想給他最好的照顧和生活品質。就在我試圖將所有細節拼湊在一起時，忽然想到重要的一點：

「請問你們怎麼餵可康的？」

「我們家一直以來都有養寵物，所以就用同樣的方式……」

「但你們其他的寵物也是貓嗎？」

「那倒不是，之前一直都是狗。」

「所以你們一天餵可康幾次？」

「一天一次，跟之前的其他寵物一樣。」

我問這些的目的並不是想指出錯誤，而是想了解造成焦慮的原因。我必須多次重申，貓不是狗，可康就是另一個活生生的例子。

我在五月見到肚腹完全脫毛的可康，八月時，他身上原本一根毛都沒有的部位已經又覆滿了漂亮的黑毛。我的治療方式是重新分配餵食次數，並且添加能夠控制焦慮狀態的營養補給品。在這個案例中，一旦發現原因，康復之路便清晰可見了。

不要忘記，貓必須一天進食數次，才能有健康的生活。

有時，問題的生成原因比較隱晦；就算飲食是原因，但問題也可能不在於進食模式，而是食物本身的性質。

有些貓喜歡乾糧，有些則喜歡罐頭。以偏概全是很不明智的做法——如果你和貓一起生活，就必須知道牠真正的需求和口味偏好。

曾經有位獸醫同業，為了她診所的吉祥物貓咪與我聯繫……獸醫診所有隻吉祥物是很常見的事。獸醫們很容易被特殊的臉或感人的故事打動。比司吉是隻吉祥貓，他的地位始於被消防隊救到這家診所，當時他一隻眼睛嚴重受創，身體也極度虛弱。診所員工悉心照料他，移除那隻眼睛，並與他建立了感情，比司吉自此獲准在診所四處走動。他甚至成了明星，和所有人類和動物都能當朋友。即使有狗在他經過時對他吠，他也只是遠遠避開，從不嘶吼或揮爪……真是隻個性很好的貓。但有幾個缺點：他會襲擊所有待售的袋裝乾糧。在幾星期之內，他就被禁止進入倉庫和陳列間。不用說，他接觸到的肯定是品質絕佳的乾糧，而且還是吃到飽。又過了幾星期，比司吉出現了類似可康的症狀，開始舔自己的肚子，直到所有毛都掉光光。我這位同業是非常棒的一般科獸醫，也熱衷研究皮膚病和動物行為，她開始追蹤幾條線索。有跳蚤嗎？沒有！皮質類固醇能夠減輕過敏症狀，但是也不管用。接著她懷疑，是因為隸屬過動症的缺乏自我控制現象，讓動物變成小偷，還出現無法滿足的食慾。假如果真如此，那倒是令人吃驚的結果，因為比司吉並沒有出現其他過動症狀：既沒有呈現瘋狂奔跑的狀態，也沒有超敏感反應；不會到處跳，對任何動靜也沒有反應。他睡得很好，睡眠地點位於理想的獨處區塊裡，對爪子和牙齒的控制也正常……除了那些乾糧袋，全被比司吉抓開，但他沒有吃。毫不意外地，過動治療沒有改善他的行為。無法自由進出某區域、造成的生活環境改變引發焦慮狀態，也是種合理的假設。但治療加上更充實的生活環境仍然沒有幫助，比司吉照樣好脾氣、友善，肚子上卻一根毛都不剩，也照常抓開所有眼前看到的袋子。

在試過這麼多方法都無效後，想再介入其實並不容易：但收到求救信號的我，仍然試圖了解比司吉腦中究竟在想什麼。我們並不知道他被消防隊救回來時到底幾歲，但他可能曾經和母親共度了幾週。深知獵物和掠食者重要的母貓能教會小貓許多事：掩埋行跡、藏身高處和狩獵。小貓六至七週大時，母貓一有機會就會帶回死掉的獵物；三週之後就會開始帶回活獵物。母貓教小貓了解獵物知識和狩獵技巧，課程內容十分繁重。對那些上過課的小貓們來說，沒有任何一樣知識能取代真正的獵物。濕罐頭食物也許跟獵物類似，但乾糧卻遠遠無法滿足牠們內心深處的需求。引起我注意的，是比司吉對驗血樣本展現的高度興趣。假如沒有剛好適合的環境，這個典型症狀並不會出現：唯有獸醫診所裡的貓才有這種傾向。突然之間，打開乾糧袋卻不吃的行為變得合理了，這正說明我們必須以同理心看待貓。為何牠打開袋子卻不吃裡面的乾糧？打開袋子後飽啖乾糧正是過動症的症狀，但比司吉卻繼續打開下一袋。這個行為讓我想到，他也許是因為找不到濕的食物，也就是比乾糧更類似新鮮獵物的食物。同業和我決定一天餵七到八次他喜歡的罐頭，同時搭配摻入高劑量抗焦慮藥物的牛奶。罐頭和補充劑雙管齊下的幾星期後，對方打電話告訴我：比司吉不再舔自己，毛也開始長回來了。

進食對貓來說是生命組成的重要一環，其中不僅包括地點（進食區塊），更重要的還有進食頻率，以及這個例子裡談到的：食物型態。

排泄區塊：清潔之必要

啊！貓向來有愛乾淨的美名，所言不虛。凡是曾經領養過八週大（最低法定領養年齡）

幼犬或幼貓的人，都知道兩者的差別。如果是狗，你得再花上兩到三個月訓練牠定點排泄；而貓被「送到」你手上時，極有可能已經很清楚清潔概念了。貓為何有這樣的特質？又為何學得這麼快？狗是社交型動物，訓練時最多只要教牠們了解，不能在睡覺地點排泄，而且排泄要到定點，以免弄髒整個群體的生活環境。

至於貓，如我們在《札米的世界》裡看見的，母貓會在小貓出生後第一個月間，就將排泄作為積極且刻意進行的學習活動。[8]牠向小貓示範如何找到正確地點、抓扒和掩埋，並分階段示範其間的各個步驟，確保小貓專心學習。在這個全天候拍攝的節目中，我們親眼目睹母貓用這種讓人印象深刻的方式養育小貓。模仿學習並不是偶然發生的，至少從這隻貓身上可以發現，母貓會在小貓感興趣時傳授「課程」：貓砂盆課、自我控制課、梳理課、攀爬課，以及所有獵物躲避潛在敵人的必備知識。

關於貓砂，請注意此處討論的是排泄，不是做標記（參見第2章中的〈準確判斷排泄行為〉）。我們之前已經看過這兩種行為的差異了——而這把鑰匙，也將開啟了解內部奧祕的門。貓在排泄時是容易受攻擊的獵物，其排泄物又會向掠食者洩露牠的行蹤。因此仔細掩埋排泄物，並確保自己留下最少量的線索是很重要的。仔細觀察你的貓，這也是為何牠在排泄前會花很長的時間嗅聞，然後抓扒選好的地點，轉身、蹲下，在挖好的坑裡排泄完之後再度轉身，掩埋，重新嗅聞。假如不滿意，那牠往往會再添上一層砂，接著才會離開。這是一般的排泄模式，根據每隻貓的個性而有許多變化。有些貓十分仔細，有些則比較粗心，行為失調病症也會大幅改變排泄模式。我們可以想見，過動貓不會太在乎掩埋排泄物的方式：牠會跳進砂盆，迅速排泄完之後，用力但無效果地抓扒一番，不但沒蓋住排泄物，反而濺得到處都是砂，接著一溜煙跑開。有潔癖的貓則無法忍受砂盆有任何一點髒東西。

雖然貓有很多種，排泄方式也各有不同，但有幾個規則能幫助我們為貓提供最理想的排泄環境。將貓砂盆當作討論焦點看似過於拘泥小節，但是一旦了解排泄區塊對貓的重要性後，判斷所有會干擾貓隻行為的元素就變得很有意義，因為這些元素會讓貓在砂盆外做出不合理的滅跡式排泄。在這種情況下，貓會選擇適合牠的地點——一個夠軟、便於抓扒和掩蓋的場所，比如花盆；鋪了被子的床也是牠們喜愛的替代品，但往往會因此引起飼主反感。

貓砂盆

有效的貓砂盆必須符合幾個要點，與下列四個項目有關：

• 容器：在過去幾十年間，家貓的尺寸變大了。對幾個特定超大貓種（例如挪威森林貓和緬因貓）的狂熱，使得家貓重量從二十年前的三公斤半增加到今天的五公斤。然而市面上的貓砂盆並沒有跟著變大，這是個錯誤。品質好的砂盆必須比貓大上一倍半，貓尺寸的量測標準是從鼻尖到尾巴根部。貓應該能在盆裡轉身和抓扒。許多殘留的排泄污漬都肇因於不適合的砂盆尺寸。

• 內容物：砂材對貓非常重要，而且貓在成長過程中必須對砂材養成習慣。多虧一位獸醫心理學系學生的研究，我們現在得知大部分貓隻偏好礦砂。[9]所有貓砂都有自己的特點，飼主務必要清楚貓的喜好。選擇越細的砂越好。貓喜歡細緻的沙土，這也解釋了為何花盆是貓最喜歡的第二替代物；在花盆裡加入一些蛭石通常能杜絕這個壞習慣。

• 地點：不要靠近進食區塊和睡眠區塊。貓砂盆必須位於安靜的位置，永遠易於進出，讓處於劣勢的貓不需要擔心受威脅或被打擾。當我們發現貓咪出現不乾淨的現象時，問題往往出在錯誤的地點。將砂盆放在廁所裡是個辦法，但是廁所門必須打開，或者讓貓易於進出（比如專用貓門）。就算你的貓跟狗相處融洽，牠們仍然很可能不願共享排泄時光。布羅特斯是年輕友善的拳師犬，總是愛在美樂蒂進砂盆時陪牠，同時往正蹲著的美樂蒂身上吐氣。雖然牠們總是玩在一起，關係也很親密，但美樂蒂排泄時並不想玩，只想靜靜上廁所。由於狗不能進房間，美樂蒂便選擇人類的床作為安靜排泄之處，還利用床單皺褶將尿和糞便仔細埋起來。最簡單的解決之道就是不讓狗進入放貓砂盆的房間，而飼主原本還擔心貓和狗不應該養在一起。

• 砂盆位置應該固定：這一點看似理所當然，但我們有時仍然會遇到令人吃驚的案例。我之前諮詢過一群有不潔徵狀（以及種內攻擊）的貓，牠們都以古代哲學家命名。我不記得另外兩隻的名字，但惹麻煩的是柏拉圖和蘇格拉底，與歷史大不相同。柏拉圖是很年輕的貓，攻擊性非常強；蘇格拉底的年紀比較大，一點都不想被打擾。性喜惡作劇的柏拉圖會躲起來，攻擊停在幾公分外的貓。另外兩隻貓很穩定，往往看著柏拉圖但毫無反應，對牠的威脅和玩耍邀約不屑一顧，自顧自繼續往前走。至於蘇格拉底則會對年輕無禮的貓哈氣，倒也不會讓情勢惡化。飼主發現蘇格拉底非常喜歡高溫，便出於好意將所有供貓隻睡覺的籃子放在日光直射的位置；而由於飼主知道砂盆不該放在睡覺籃旁邊，便也改變了放砂盆的地點。

即使我們不是貓，也能想見當貓進入房間後，會發現房間已經變得不一樣了，無法預料哪個是臥房，哪個又是廁所。這個好意之舉成為壓垮駱駝的最後一根稻草，讓柏拉圖的焦慮徵狀惡化，出於煩躁的攻擊頻率變高，也更強烈，進而引起蘇格拉底對柏拉圖的反制。此時的重點在於重建生物群落的和諧和穩定，將不同貓砂盆放在固定位置（四隻貓只有三個砂盆，比我們強力建議的「貓隻數量加一」還少一個），同時治療蘇格拉底的焦慮和柏拉圖的衝動徵狀。幾星期之後，雖然我不知道牠們是否還和對方講話（貓並不善於重修舊好），但至少和平重新降臨在這個家了。

清潔的原則

這在徵候學調查中始終是個敏感的問題，因為每個人對衛生的定義都不同，而且沒人願意被認為自己不注重清潔。

有些飼主的回答令人擔憂：

「喔，我清理貓砂盆都很規律。」

「當然！這樣還有什麼問題嗎？」

一年清潔一次確實非常規律，但對貓來說並不夠；就算一個月一次，也還是太少。我要重申：每隻貓都不同，貓與狗相較更是如此。但清潔砂盆的大方向是，排泄物應該在排出之後盡早清理，一天**至少**清一次。

一個很妙的研究指出，貓敏感的不只是砂盆的味道，還包括排泄物的畫面。研究人員將小型塑膠糞便放在砂盆裡，雖然無味卻很逼真，就像另一隻貓遺留下來的。結果顯示，有一半的貓在看見可能是另一隻貓留下的糞便之後，不願意使用同一個砂盆。[10]

貓砂盆每週都應該全部更換一次。你或許聽過某些貓，牠們的砂盆每三週才更換一次，卻依然保持乾淨。然而，這裡要討論的是那些排泄行為異常、不在砂盆內排泄的情況。我們的首要之務，是建立基本且有效的準則，來恢復貓的正常排泄習慣。

你可能有很多問題想問：該用開放式還是封閉式砂盆？有一支美國研究團隊嘗試回答這個問題，結果顯示只要遵循基本準則，兩者並無差別。[11]太棒了！但實際上並非如此！在真實生活中，飼主看不見封閉式砂盆裡的排泄物，因此無法得知貓砂狀況，移除排泄物和清潔貓砂的手續會變得不規律。我了解許多飼主不願意看見砂盆敞開放在面前，所以我的建議很簡單：如果你比較喜歡封閉式砂盆，就要嚴格並且有系統地執行清潔手續。記得掀開蓋子檢查裡面的排泄物。有了紀律之後，你的貓就更有可能維持令你滿意的乾淨程度。

滅跡排泄行為是貓隻行為病例的大宗。雖然這有時不是非常高級的話題，有些飼主甚至覺得花這麼多時間研究和建立最適合愛貓的排泄區塊並不光彩，但是這對於人貓和諧共處卻是很重要的一環。只要遵循我剛剛講的簡單準則，就能讓愛貓在屋裡隨處排泄的機率降低一半。我永遠不會忘記，這是家貓被棄養的主要原因之一。

活動區塊：狩獵的重要

為了尊重貓的行為模式，我們應該將單獨活動和互動徹底分開來。只要貓的主要需求被滿足、感覺自己受到保護，就能開始發明自己的生活方式，可利用的資源可說是無窮無盡。在安全的情況下，牠會長時間在窗邊觀察，甚至躲在屋內的貓咪吊床或鞋盒中。

當然，牠大部分的時間會花在狩獵！

談到這個深植的天性，獵物和掠食者並不只是抽象的精神比喻。狗是機會主義分子，為了避免狩獵，寧願吃死掉的獵物；貓則隨時準備動用牠的掠食者天分。就連你家那隻可愛的小貓咪也需要狩獵。我們已經知道，假如缺乏讓貓咪練習這種活動的環境，牠就會追逐人類室友的手或腳。但只要一有機會，無論是刻意給牠的誘餌或活生生的獵物，貓咪都會花上大半天伺機等待和追獵。

無論是將飼料放進 Pipolino©（一種貓咪智力玩具）、將貓食撒在家中各處，還是設置貓會留心的小型獵物，最重要的是給牠足夠的時間進行這項重要活動。

在絕大多數情況下，觀察和單獨遊戲都與狩獵活動相關，或發生在狩獵活動的前後。有些節目在可以外出的貓身上配備GPS，結果顯示，這些貓的平均活動範圍為七千平方公尺。而多項科學研究也證實，都市密度與貓咪的活動範圍之間有相關性，但平均而言，母貓會在離家二十五公尺內的範圍活動，公貓則是一百公尺。

這種狩獵技能，也引發了關於貓對生態多樣性造成影響的討論。現今，有許多人主張應該禁止貓咪外出，以免傷害其他物種；但同時也有一派人認為，不讓貓接觸戶外等同於虐待。不過，這兩種看法都存在著很多迷思！根據澳洲的現象，貓似乎成了攻擊野生動物的罪魁禍首。但這忽略了一點，就是貓並非澳洲的原生肉食動物，所以小型有袋動物在面對這個技巧高超的獵人時往往無力還手。法國國立自然歷史博物館（Muséum d'Histoire naturelle）做過一次民間科學家和貓飼主的聯手調查，結果顯示貓的獵物十分多樣，並非針對特定物種。全球其他地方的研究結果大致也與此相同，表示縱使貓的影響顯著，也僅限制在其生活環境周邊的極小範圍。[12]

互動區塊：經過衡量的需求

位於貓的馬斯洛金字塔最頂端的，是與其他生物的互動及關係。我會在接下來的章節中完整地討論這一點，因為這在貓科動物的行為病理學中很重要。繼之前談過的不潔問題，這是飼主之間第二常見的抱怨。對貓來說，關係並非強制性的，假如貓被迫忍受某種關係或該關係令牠不舒服時，就會導致失調行為和病理問題。

有一點是肯定的，而我接下來也會解釋，那就是互動並不會隨處發生。互動是額外發生的事件，因此必須是規劃周全、可預測和正面的。人類會不假思索地展開互動，但當我們希望與貓有良好的關係時，最好事先和牠預約一下！產生依附感和彼此尊重才是快樂的泉源，但與所有其他個體（包括同類）之間的關係，同時也可能對牠的生活造成巨大的壓力。我再說一遍，貓並不是社會性物種，但也不是絕對希望獨處。再者，正是因為這一點，讓我們對貓的理解偏離了領域物種的定義：貓願意分享某些生活領域，甚至願意與跟牠們有共同活動的其他個體為伴。雖說這現象不是放諸四海皆準，也不是不可變通，卻是貓和共同生活的個體（人類或狗）之間誤解的根源。對牠們來說，共居應該是出於必要，而不是一種挑戰。

針對貓的室內設計

因此，我們現在準備好為愛貓規劃生活空間了。每位養貓的人都可以根據之前講過的要點，畫出新的「貓科動物理解地圖」。我們必須了解讓身為獵物的貓在不同區塊（獨處、進食、排泄）感到安全的重要性；區塊的和諧配置又是否有助於貓隻發展其他單獨活動。

如果我的解讀正確，那麼你現在應該知道，貓並沒有領地或王國的概念，而是需要保護和尋求和諧。這也是為何「繭居」概念有其道理，甚至在疫情之前便已蔚為風潮。

連結區塊的路徑

你現在有了這把新鑰匙，已經能用不同的眼光觀察愛貓，也了解到安排生活空間對貓來說甚為重要。但畢竟貓和我們生活的感官世界並不相同，所以我想要你進一步忘卻自己的人類身分，仔細觀察你的貓如何從一個房間移動到另一個房間，從一個區塊到另一個區塊。

你觀察了嗎？你看見了嗎？

仔細觀察你的貓，就會發現牠總是沿著相同的路徑移動，就算住在公寓裡也不例外。好吧，不盡然相同，但是差異很小。我通常會用兩隻與我同住的貓為例，你已經認識牠們了：母親琪琪塔和女兒妙麗。牠們住在我家，可以不受限制地進出戶外，吃飯時間總是會看到牠們從廚房窗戶回到屋裡。琪琪塔永遠從洗碗槽上方的窗戶進來，妙麗則選擇流理台上方的窗戶。我已經驗證了很多次，並在許多研討會上提到這一點。有一回，我又再次在某個研討會上舉這個例子，但研討會結束後的第二天，我回到家在廚房喝咖啡，竟目睹牠們倆交換走對方的路徑。有那麼一瞬間，我認為牠們是故意的，但接著我又想起一個道理：可以概括描述貓這個物種，但不應該概括解釋個別貓隻(「牠老是這樣！」)，否則貓絕對會毫不留情地反駁你。

然而，這並不妨礙我們企圖理解貓隻和識別牠們的概括特性，因為這麼做能幫助我們了解每隻貓的個性及其弱點。

我有位客戶是昆丁．塔倫提諾（Tarentino）的粉絲，他有兩隻貓：黑先生和白先生。白先生的獵物傾向較明顯，非常小心地組織棲息處，並且選擇了較孤立的位置；排泄區塊必須乾淨到無懈可擊，進食習慣則規律到眾所周知。他很常獨立活動，鮮少主動進行互動，就算有也是冷漠的。黑先生則認為自己更像狩獵者而非獵物，會侵入所有可以進入的空間；有數個休息的地方，可以忍受稍微不潔的貓砂，吃許多不同種類的食物，特別喜愛水果。他會追逐趕跑任何看似獵物的東西，其中還包括繩子和鋁箔紙揉成的小球。他是讓人開心的室友，雖然有時侵略性較強，看起來卻喜歡與人接觸，並且經常過來討摸。雖然這兩隻貓只是貓性格對比的誇張典型，但你應該已經明白，兩者之間不僅存在無數模糊的灰色地帶，還有各種性格色彩的差異，造就了迥然不同的個性。不過，絕大多數的貓總是沿相同的路徑移動。我某位朋友有座小型的伯曼貓飼養場，他在花園裡蓋了相當大的圍欄。幾個月後，飼養場出現了固定的痕跡，分別標出不同路徑，有些是共用的，有些則是某幾隻貓專用；這些路徑形成一套網絡，連接所有貓隻的不同生活區塊，讓牠們能夠將有限的空間組織成許多生物群落。這個現象就來自貓的另一個特性：牠們與我們生活在不同的感官世界裡。

嗅覺組織：費洛蒙的國度

貓的嗅覺非常發達，但這種差異僅在於程度，而非本質。所有貓隻都有個對我們來說非常陌生的特質：終其一生都能偵測、使用費洛蒙，並用來標記自己的領域和組織關係。

我們或多或少都知道性費洛蒙的作用，它們能誘發偏好和吸引力，並促使個體表現出某些行為，不過大多數哺乳動物的大腦皮質層通常都能對這些衝動進行控制。但對於貓而言，費洛蒙則有更深層的作用：牠們會大量分泌並偵測費洛蒙！貓的臉部確實有個費洛蒙複合物，位於臉頰上沿嘴角到耳根的區域，是專門生產費洛蒙的工廠。

從這個複合物中，已經分離出五個（又是五！）被命名為F1至F5的成分。說它們「神祕」，其實並不只是一種詩意的形容：因為目前為止，F1和F5的作用仍然未知，但其他三種成分的面紗則逐漸被我們揭開。

正向的標記

F3是我們最感興趣的成分！它是讓貓熟悉環境和靜止物體的費洛蒙，也就是貓在穿過一扇門、用臉摩擦椅腳或桌子後留下的物質，數量多寡則取決於貓隻個體。這些標記表示「我身處安全的地方」，找到這些標記能觸發貓的正面情緒狀態。因此，貓不喜歡頻繁打掃，有時我們會看見清潔大隊和貓之間的爭執。我還記得有個品味極簡的家庭，住在非常美麗的房子裡，他們喜歡美麗的義大利家具，就連廚房也像廣告照片，瓷磚光亮如新，表面媲美漆器。這個廚房是少數讓貓進入的房間之一，牠的活動區域被限制在儲藏室和廚房間，並養成了在家具上留下尿痕的壞習慣。然而，這些區域的家具表面天天被擦拭得一塵不染，那隻貓永遠找不到自己做過的標記：基

貓的兩個嗅覺系統

- 貓的主要嗅覺結構與人類的類似，只是效率更高，表面積多了五倍，受體多了十倍。貓利用這種非常敏銳的感覺來判斷面前的食物能不能吃，對牠是否有好處。患有鼻炎的貓會食慾下降，不願進食。在此提出一個小建議：若有類似情況，在給貓食物之前可以用溫水或專用產品小心清潔牠的鼻子。嗅覺是貓生活的主要感覺能力。
- 附屬嗅覺系統的功能著重於感知費洛蒙。這是個神祕且尚未被完全理解的領域，我曾經探討過這些分子在依附關係初期的重要性。[13] 事實上，所有物種都具有安撫素（apaisines）或安撫費洛蒙（phéromones d'apaisement），能讓子體識別母體，並根據這種特殊關係與自己的物種建立連結和認同。

於此因，牠之後在別的地方留下其他讓屋主更不悅的標記，也算合情合理。我們逐漸了解到，讓貓安心的臉部標記與焦慮時的尿液標記之間，有著相當密切的關聯。當七〇％的臉部標記消失後，焦慮性的尿液標記才會出現。所以，如果你的貓開始做尿液標記（你已經知道標記順序了），就代表牠已經有很長一段時間無法累積讓牠安心的臉部標記。

唯一例外的情況，是貓隻先用臉頰摩擦一個地方，然後轉身留下尿液標記：這代表的是性標記，在這種情況下，牠留下的是F2成分。

但是，用F3成分標記住家環境，就可以防止貓的尿液標記，使用含有合成貓隻臉孔費洛蒙複合物F3成分的的噴霧正是運用這個原理。自從一九九六年出現史上第一個產品後，現今市面上已有三種以上的產品含有類似的合成物。

此外，還需要提到F4成分：它也有個重要的正面效果，但標記對象是個體，那就是異體標記（對他人的標記）。是的，你沒有誤解，當小貓在你身上磨蹭時，就算不是出於愛，那仍然是種標記，總之就是對正向關係的認可，表示牠一點都不害怕，一切關係皆有可能由此進展！接下來人貓之間就能進一步建立儀式和會面，讓和平宣言進展成愛的宣言。

貓的標記工具，也不僅限於臉部的費洛蒙複合物。

其他標記系統

抓痕也有其明確的含義：標示著自然環境中的獨處領域。這些刮痕常見於垂直表面，結合視覺信號（刮痕的條紋）和至少一種嗅覺、費洛蒙訊號，貓會透過趾間的汗腺留下空間費洛蒙，表明這塊領域是保留給牠的。

就連在封閉的地方，比如巴黎市中心的單人套房裡，也常能見到貓在牠的主要休息區塊周邊「磨爪子」。如果獨處區塊是床，那麼抓痕通常會出現在床底下，不會干擾任何人。但假如沙發被選為主要的獨處區塊，飼主多半會因為不高興而出手制止。受到懲罰的貓會變得更焦慮，進而使得抓撓頻率變高，更糟的是出現尿跡：這會讓人貓關係進一步惡化，貓甚至因此受到更多懲罰、責罵或威脅，惡性循環就此開始。

這也是個需要不斷強調的重要訊息：我們必須避免對貓進行肢體制裁、懲罰（亦即任何傷害或驚嚇）。這些做法永遠不能解決問題，而且往往會讓問題變得更糟。

之前提過，尿液標記是貓隻標記研究的最後一環。在我的諮詢案例中，觀察這些標記、分布模式和使用方法平衡與否，有助我們了解貓的行為和情緒。

以非常精確的順序進行尿液標記，可能是某種反動反應。顧名思義，在這些情況下它並不是病理現象，而是一種動態的反應，例如對屋裡某樣新物體的反應。比如平時沒同住的男友，他的背包或運動鞋有時會消失，但從健身房回來之後又會出現。現在你已經熟知貓的行動原則，並且可以理解牠們所擁有的不同選擇。面對一隻非常穩定，且能夠按照自己意願來規劃環境的貓，臉部標記或許就會釋放F3費洛蒙，讓物體對貓而言變得無害。另一方面，如果出於貓隻的特殊原因（情緒狀態較不穩定）、環境（規劃較差）或物體（較明顯的氣味），使得臉部標記不夠，尿液標記可能就會出現。再說一次，如果這種行為實屬偶然，且情況很容易解釋，就不構成行為失調。然而，如果這種行為出現在所有臉部標記消失之後，就是值得留意的警訊了。

尿液標記對貓來說除了是熟悉的氣味外，還含有警告費洛蒙，能警告所有潛在的入侵者；但標記者若回來嗅聞這個標記，也可能造成情緒惡化。不過「嗅聞」一詞並不完全準確：我們已經從生理原則了解了費洛蒙產生的道理，卻沒花心思研究它如何被偵測。鋤鼻器（或稱雅各布森器官）是負責感知這些物質的器官，藉由附屬嗅覺系統連接到邊緣系統，故而能影響情緒。因此，費洛蒙很可能直接影響情緒狀態（如果是F3或F4，則帶來平靜；如果是警告費洛蒙，則引起擔憂；如果是紓壓費洛蒙，則激發呵護與照顧的動機），這個過程無須經過皮質過濾層，不會喚起接受者有意識的反應。這也就是費洛蒙名聲不太好的原因：會在個體不知情的情況下誘發行為。需要提醒的是，雖然這種影響在昆蟲身上確實成立（至少就目前的了解），但在哺乳動物、**尤其是**人類身上，大腦皮層佔據主導權，能夠抑制不適當的行為。成年人類是否有鋤鼻器一直是個很大的爭議，儘管目前普遍認為可能存在，但仍與其他物種存在一些根本上的差異（包括是否缺乏輔助嗅球）[14]。根據某些研究，隨著年齡增長，只有六%的人仍然保有功能正常的鋤鼻器。對其他人來說，某些味覺細胞會接管任務並且偵測費洛蒙，讓費洛蒙得以發揮作用。

至於貓，鋤鼻器的持續存在幾乎無庸置疑。觀察你的貓，肯定會看到牠做出這個特殊的動作：嘴微張、眯起眼睛，舌頭呈現輕微的上下擺動，這個動作被稱為**裂唇嗅反應**（flehmen）。馬的裂唇嗅更驚人，會捲起上唇；公狗嗅聞發情母狗的尿液時舌頭發出的聲響也是同樣的機制。貓在進行這種細微的動作時，會將空氣送入位於門牙高度牙弓後方的切齒乳突，然後抵達鋤鼻器。

因此，尿液標記時的費洛蒙是警告費洛蒙，並有其特點：它們是跨物種的，能警告貓、狗和人。當動物釋放了富有警告費洛蒙的肛門腺，縱使經過快速徹底的清潔，通常仍會殘留無法檢測到的費洛蒙，足以在所有人類都無法感知的情況下改變診間的氣氛。

好了，現在你已經知道貓隻是如何打造生活環境的。那個環境與我們人類或狗都不同，雖說牠跟我們住在一個屋簷下。貓的世界是有組織和標記的，一旦受到威脅，問題就會出現。

焦糖：疫情封鎖的受害者

和許多其他貓、狗或人類一樣，焦糖無法適應受禁錮的狀態，並用自己貓科動物的方式表達了這一點。

但對他來說，這是新生活的開始，他可以更隨心所欲地外出。從前，他必須請求許可並等待飼主放他出去。就在疫情封鎖前，飼主正巧裝好了電子貓門。這些新產品往往能幫我們解決與居住空間分配有關的問題，比如設置只讓一隻貓進入房間，或許就能解決某些衝突。為了管控貓隻外出，這類貓門實現了許多有青春期孩子的父母的夢想：既可以讓貓隨意進出，同時也可以設定規則，例如允許牠隨時回家，但晚上十一點後就無法再外出。

焦糖來接受諮詢的原因是不愛乾淨。他來的時候才八歲多一點，一年前疫情第一次封鎖時，就開始出現這些徵狀。

克莉斯汀和亞倫與五歲的兒子尚以及焦糖同住；他們是在焦糖三歲半的時候搬家的。我們研究了標記順序，確定這是尿液標記。尤其因為焦糖如今能更自由地接觸外界，飼主就順理成章將他的排泄區塊移到了屋外，焦糖也很順利地接受。現在已經不需要使用貓砂了：從前他常用貓砂，但不潔狀況只會出現在貓砂沒確實清理的狀況下；焦糖會在貓砂盆旁上大號。

可是，眼前發生的確實是尿液標記的案例。克莉絲汀經常看到焦糖在戶外這麼做，所以這倒不是問題。問題是她和丈夫會抓到焦糖在屋裡做尿液標記，或者看見已經乾掉的尿痕。

弄髒屋裡固然不便，但他們更擔心焦糖從此再也不會回歸正常排泄行為，而只會進行尿液標記。

對我們來說，這可能表示頻尿，即常常少量排尿，這是某些泌尿系統疾病的徵狀，例如膀胱炎。

身為行為獸醫或行為精神科醫生，我們永遠不會忘記，發生在貓身上的器官疾病與行為失調常常互有關聯，比狗還頻繁。焦糖甚至在來見我之前，就已經做過醫療諮詢和尿液分析，讓我們能夠排除任何器官疾病的假設。因此我們應該調查……

你想必記得，排尿是脆弱的時刻，應該在受到保護的地點進行；而標記旨在溝通，必須清晰可見和能夠被聽見。這就解釋了為何我們看不見貓隻排泄，卻會看見牠們的標記。但此時此刻，兩者並無差別……

為什麼這隻八歲的貓會突然開始做記號，而且程度越來越強烈、越來越肆無忌憚呢？購物袋被當成目標，留在椅背上的毛衣或外套也是如此。某位客人的褲子被標記，難聞的尿直接噴到主人臉上，在在都是令人不悅的意外之舉。

難道是人貓關係受到威脅？焦糖對屋裡所有人類都非常友好，包括和他一起玩的飼主兒子，儘管飼主說玩耍不是焦糖最喜歡的活動。如果小孩用尾端綁了誘餌的玩具釣竿逗焦糖，他會感興趣幾分鐘；雷射光筆也能發揮同樣的作用。他和兩位飼主都很親，但某一次卻突然標記了正摟著牠的飼主。當時他們正坐在沙發上，那是焦糖最喜歡的標記目標之一。

焦糖的案例之所以複雜又有趣，在於其不一致性。亞倫和克莉絲汀說，焦糖常常在靜止物體上做臉部標記。另一方面，我只發現一個地方有抓痕：睡眠區塊旁的貓跳台。

大量的臉部標記和尿液標記，加上同樣位置的抓撓標記，如此的組合假如不是因為焦慮現象即將開始，就可能是性標記。但是焦糖早已被結紮，而標記出現的歷史也已經超過一年。

有幾個因素可能引發焦慮狀態。我必須說，有足夠的理由促使這隻貓反應生存空間的不平衡：

——他先是住在與外界接觸機會非常有限的公寓裡；

——然後孩子出生了，對貓的日常生活環境來說是重大干擾。他被禁止進入部分房間或受到嚴格監控，出入受到限制。環境裡出現了陌生的人，有時還會吵鬧，貓咪必須重建人類小孩出生後讓他不安的空間；

——接著搬進了獨門獨戶的房子，但仍然需要許可才能出門；

——之後，當人類被迫待在家時，他卻有極大的外出自由。

我能感覺到我們正依循著正確的線索。

「你們有看到焦糖和外面其他的貓在一起嗎？」

「起初有幾隻，但他似乎想把牠們趕走。我們聽過焦糖哈氣，但從沒見過他打架。」

「那麼他面對不同的封鎖情況時，反應如何？」

「我們兩個人都發現自己……其實應該說我們三個，都是遠距工作。」克莉絲汀微笑回答：「他跟尚的互動比較多，因為他們突然變成玩伴了。」

請看，貓就是這麼複雜，而我們必須避免把人類的想法和希望投射到牠們身上。我相信克莉絲汀是對的，這隻貓也確實比較喜歡和她的兒子玩；我還相信他是喜歡能夠到外面自由探索、發現和開拓新領域的。但這一切對焦糖來說並不容易適應，畢竟他雖說沒那麼老，卻也不年輕。

焦糖的馬斯洛金字塔底部，也就是生命地位的平衡基底，尤其是組織生活的能力，已經被這個雙重挑戰削弱了：除了必須整合已經被其他貓佔據的全新戶外領地，還有部分室內領地被人類入侵。從前，人類通常只是空間裡的過客，有規律的時間表和焦糖可預測的安靜、獨處時期。他在靜止物體上做臉部標記的毅力讓我驚訝，但幾天後傳來了毫不意外的訊息，亞倫告訴我：「我們檢查過了——焦糖其實並沒有用頭摩擦牆壁。他有時會憑空畫完動作、轉身，但似乎沒留下任何標記。」

這就對了！現在故事更加連貫，並且證實了一年多來始終存在的焦慮狀態。

重建群落生境

我對焦糖的診斷屬於「生境病理」（biotopathies）的領域，這個字源指的是「與群落生境、生活場所有關的痛苦」。先前已經提過「單調生境病理」，即生存環境的貧乏會使貓隻恢復掠食本性（請見第1章的〈小惡魔路西佛〉）。

反之，這個案例卻是一個進化了很多、變得更豐富和複雜的環境：引發的是新的群落生境疾病，也就是與新的環境發展有關的痛苦。這可能和人類、更換家具或本案例中的生活節奏改變有關，甚至疫情封鎖也會造成這樣的後果。

以尿液標記為主要徵狀的新群落生境疾病很常見。

在這類案例中，選擇精神藥物並不是最複雜的。假如有一隻高度警戒的貓，其主要徵狀是尿液標記，就需要使用去甲腎上腺素（noradrénaline）相關的治療（其作用機制涉及去甲腎上腺素，這是大腦中的主要神經傳遞物質之一），而我們當然會為焦糖開立抗憂鬱藥氯米帕明（clomipramine）。我們先試用費洛蒙擴散器但毫無效果，於是用芳療擴散器取代，除了能夠舒緩患者情緒，也對家中所有成員有幫助。

比較難的是行為療法：要了解該採取什麼行動，哪種行動才有意義。

有個很簡單的要點，克莉絲汀和亞倫也馬上就同意了：必須停止懲罰。他們承認，剛開始會罵焦糖並且讓他看自己的尿跡，但這麼做根本沒用，他們領悟到這樣可能會讓情況更糟。

疫情和各種限令是無法控制的——只能期望早日解除。但我們也決定，當每個人都在家的時候，要預留不跟焦糖互動的時段。

至於戶外環境就更困難了，不過還是有線索可循。以前焦糖外出的自由度較低，次數較少，所以標記還不存在。戶外的自由生活對於各種物種來說無疑都是有利的，但對於必須面對無數危險的個體來說，有時卻會讓牠擔憂，甚至焦慮。對焦糖來說，減少夜間外出反而是種保護措施，而非限制自由。

除此之外，「有耐心」也是我開立的治療方法！

了解標記的含義

我在接手案例時會先問清楚標記細節，以便評估未來可能的改善程度。當標記行為已出現很久、病況長期存在時，飼主常常會因為（我很能體諒的）倦怠感而感覺不到進展。衡量和量化能幫助飼主堅持下去，預估這類暫時失調所需的恢復時間。

如今，焦糖正走在恢復的道路上。他從每天兩到四個標記，到現在至多一星期一個：雖說仍然太多，但經過了三個月的治療，完全康復指日可待。他看起來很平靜，能夠重新控制自己的環境，而人類也不再被封鎖，能夠去度假了……

焦糖沒想獨佔環境，只是希望有個讓他感覺舒服、受到保護，有時能和人類相處，也能保有安靜的角落。我們與亞倫、克莉絲汀和尚一起合作，試著提供他期望的環境。

貓隻感受到的群落生境和諧是了解貓科動物的基本關鍵。我們花了很多時間從貓的角度來驗證不同區塊的存在與否、是否受到尊重；檢視這個天性兩極的物種是否確實取得了行為所需的要件，並且對自己的生活心滿意足。別忘了，貓可不是容易滿足的小資產階級。

第3章
人貓關係：相處與互動的祕密

「貓信任一個人，就是牠最大的奉獻。」

——生物學之父查爾斯・達爾文（Charles Darwin）

貓是我們的寵物。至少在獸醫學上，牠們的分類是如此。在貓與陪伴牠們的人類之間，數以百萬計的幸福故事描繪了這個定義。但如今，關於人貓關係的本質有時爭論很激烈。

對我來說非常簡單。貓需要依附關係才能健全發展，正如狗與我們人類，以及其他許多動物：海豚、猴子、大象、山羊或鸚鵡等等。在所有物種中，將幼小動物與母親結合在一起的過程，是基於一整套出自神經元、荷爾蒙和大腦的機制，並且終其一生都維持活躍，使個體能根據其物種的行為方式建立聯繫。這些聯繫包括形成穩定的伴侶關係，以及與同物種或其他物種（無論是人類還是其他動物）建立友誼。這與任何社會性都無關，社會性的定義是需要生活在一個有自己的規矩、法律、階級制度或準則的群體中。而貓所建立的是兩個個體間的雙重關係；可以是同一物種（但對貓來說，這不一定是最簡單的），也可以是對牠有利、正向的個體，尤其在對方扮演保護者、照顧者或玩伴的情況下。我們並不需要任何模糊或複雜的理論，才能了解這種整體關聯性以及可能招致的問題。

當然，如果我們認為母與子的組成是社會關係的基礎，那麼貓就成了社會物種，但這個歸納並不完全具備說服力。母性關係是強制性且不對等的，是無須經過學習、與生俱來的，許多物種都展現出相同的模式；社會關係則是基於相反的學習規範，不同物種、甚至同物種但不同群體間的規範都不同。

貓同時是獵物和掠食者，在依附關係中誕生和成長，此一機制會持續到成年，使牠們得以建立強大的連結，但牠們卻不屬於社會物種——這些都是在理解貓與其周遭生物的關係時必須記得的重點。

因此，我們需要進一步探討物種內部（也就是貓與其他貓之間）的關係，以期理解它為何可能比貓與其他物種的關係更複雜。複習貓科動物行為學的一些基本觀點，將有助我們解開謎團。

塔巴莎：無解的魔術師

塔巴莎是一隻布偶貓（ragdoll），熟悉英文的人都知道，ragdoll的意思就是「布娃娃」。這些貓因為抱起來像布偶一樣軟綿綿而聞名……但並非所有的貓，甚至也不是所有布偶貓都如此。我再說一次，將某個貓的品種與特定行為硬性連結，不但違反科學事實，也對將來的收養者和貓隻本身造成風險。當然，某個品種的粉絲可能會有一些出於幻想的刻板概念，但是對某品種的普遍認知並不能用來預測個體行為。套用更科學的術語來說，單一品種內部的變異數總是大於兩個品種之間的變異數。

布偶貓普遍被認為是非常善於和狗、兒童及其他貓交際的品種。牠們的體型巨大：公貓體重可達九公斤以上……

塔巴莎重五公斤半，因為不愛乾淨而來接受諮詢。她和克洛依、亞藍以及經常一起玩耍的吉娃娃小狗夢夢住在一起。

驗證過所有之前提到與領域組成有關的所有要素後，出現了複雜的治療現狀。這隻貓除了在沙發上蹲踞、表現出不適當的排泄行為外，還展現出純尿液標記行為，尾巴筆直、瞄準垂直表面，甚至情緒性排尿：若被責罵，她有時會因為恐懼而尿在亞藍膝蓋上。亞藍很快就意識到制裁並不管用，如今塔巴莎周遭的人都已經停止所有形式的懲罰，情緒排泄的狀況消失了，但是標記行為以及正常卻令人不悅的排泄卻並未改善。

此外，牠的生活空間似乎相當和諧，不同區塊的劃分也都受到尊重。對無生命物體的標記仍然存在，對生物的標記行為則顯眼且頻繁，抓痕數量很少。唯一顯示出病理狀態的，就是尿液標記，以及在床或沙發上的排泄行為。

另外，第一個標記始於首個「發情期」，即發情的第一階段，這個原因很常見：性標記是大多數物種的典型溝通方式。後來塔巴莎經由卵巢切除術結紮，原則上解決了所有與性標記相關的問題。

然而，塔巴莎並未就此打住……

我繼續調查，保持耐心並且徹底地進行。

在仔細觀察動物的生活，特別是貓的生活時，絕對不能錯過任何改善的可能跡象。

對於塔巴莎，我提供了關於排泄區塊以及貓砂的建議，讓狀態更符合理想。我們還注意到牠偏好濕食，對易於取得的乾糧則興趣缺缺。因此，牠的進食次數很可能不夠。我之前已經強調過這點：貓是小型獵物的掠食者，無法花很多時間進食然後消化，所以如果可以，會以小份量吃十二到十五餐。前面提過的可康已經證實，有時光是改變餵食習慣，就足以解決行為問題，不過我認為塔巴莎的問題並不在於此。諮詢就是在調查、尋寶，有時答案會以令人驚喜的方式現形（如同靈光一現）。問題的根源突然就清楚了！塔巴莎是充滿愛的貓，無法忍受人類不在眼前。從更醫學的角度來說，塔巴莎患有焦慮依附失調症（attachement anxieux）。

謎團逐漸被解開：

「塔巴莎有攻擊性嗎？」

「絕對沒有！正好相反！」

「為什麼說『正好相反』？」

「我們有時覺得好像養了隻狗：她會到處跟著我們，在我們回家時到門口歡迎。」

「休息的時候呢？」

「如果我們兩個晚上坐在沙發上，她會睡在我們中間。」

「睡覺時也這樣嗎？」

「對，可能會躺在我們兩人之間。」克洛伊確認。

亞藍笑著指向克洛伊補充：

「那還不是她最喜歡的地方。她最愛的是睡在克洛伊懷裡。」

貓的獨處區塊是牠休息的地方，但在這個案例中，貓卻和其他生物以極端的程度共享，促使我進一步尋找分離焦慮引發的痛苦跡象。在這隻貓身上，這些跡象雖微妙卻始終存在。這對夫婦記得，有一回他們因為要出外旅行幾天，將塔巴莎託給好朋友照顧。朋友負責餵塔巴莎，也花時間陪她，一切似乎都很順利。但塔巴莎兩耳之間和兩眼眼角的毛都掉了。雖說並非全禿，但毛的濃密度下降，代表是被抓掉或是非必要的臉部標記造成的。我們現在知道，在焦慮狀態開始時，標記頻率會增加。因此可以想見，當塔巴莎失去了有所聯繫的對象後，曾經試圖藉著臉部標記維持情緒平衡，但這對她來說很困難，而且遠遠不夠。

貓的分離焦慮

當與成年動物有依附關係的對象消失時，由於無法保持生活的平衡，缺乏自主權引發的痛苦便會顯現。在失去某些群體成員的情況下，維持體內平衡是成年動物的能力之一。如狗和人等社會性物種，其生存環境中有許多聚合和裂變機制或社交距離管理。有時候我們需要與所愛之人或物分離，然後再重聚。疫情封鎖期間的視訊雞尾酒趴證明了，這類必要的依附是無法避免的。而對於貓這類非社會性物種來說，依附雖然不是必須，但可能根據個體需求而有不同。

現今，這種疾病被稱為自主神經病變[1]；個體在失去依附對象時會變得無法平衡，而其遭受的痛苦（病變）與缺乏自主權有關。這個狀況長期以來被稱為分離焦慮，並且仍然發生在某些人類或盎格魯-撒克遜國家中。第一份討論貓可能患有分離相關疾病的國際性文章，便將這個名詞用於標題。[2]在法國，我們選擇放棄將這種分類用於貓和狗，以免與人類醫學混淆，並以更清楚精確的方式命名。並非所有患有自主神經病變的動物都處於焦慮狀態：有些只表現出恐懼，有些則是焦慮，還有些是憂鬱。建立病因，也就是病因學，並不需要辨明病理狀態：這也是我們改變病名的主要原因之一。

因此為了治療塔巴莎，必須提高她的自主程度，這一點對貓來說通常不困難。我很樂意打賭：隨著生活條件和貓對人類的意義持續變化，牠們的行為方式和弱點都會受到干擾，這類病例會越來越多。在很長一段時間中，除了少數藝術家和行事特異者，一般人都認為貓只不過是用來對付有害生物的工具，但這種看法早已改變。如今，人類歡迎貓隻入住自己的家，認為交換條件只不過是要牠作伴而已；但這個要求其實並不低，對貓來說甚至是很高的要求。

讓我們仔細審視歷史，問問自己這種情況是否自古以來始終如此——考古學總是能提供非常豐富的深度訊息。西元前九千五百年，有隻貓被埋在富有的賽普勒斯（Chypriote）飼主的墳墓裡，被文納（Jean-Denis Vigne）的團隊發現。[3]貓並不是該島的本土動物，因為那裡距離其他地方的海岸太遠，貓隻無法自行越過海洋，所以多半是第一批來此殖民的人把牠帶過來的。雖然在當時看來，貓並沒有太多實際用途，但至少對某些人來說非常重要。該飼主的行徑在那時無疑被視為古怪特異，如今卻成了常態。我們在貓身上了解到牠們的依附價值，使得（我再重複一遍）牠們成為法國排名第一的寵物。

塔巴莎需要跟她愛的人在一起，這很正常；但她無法忍受他們不在，這就成為病理狀態了。

可被治癒的徵狀

為了調節依附行為，使其不致形成壓力，我們安排了所謂的「約會療法」；所有人都必須拒絕她的主動要求，但每天都會有幾次與她的「父母」擁抱或活動。

剛開始治療時，狀況很複雜：人類的拒絕接觸，使她的徵狀暫時惡化——這是治療過程的典型反應，此時必須依靠抗焦慮藥物幫助她度過難關。六星期後，塔巴莎的恢復效果很好，她又變得平靜、俏皮、乾淨了！

她的所有排尿活動都在砂盆裡正確進行，砂盆清潔和位置都已經盡可能完美。也許有些人會認為這已經足夠了，沒必要探尋複雜的病因和奇怪的病名。然而，塔巴莎自己證實了問題的根源：因為當飼主再一次消失好幾天，她又舊病復發了！

我們之前討論過，貓隻原本不具備社會化生活的天性；但另一方面，在依附關係的滋養下，牠們可能會形成過度依附性直到演變為病症，只要依附對象不在，就會造成痛苦。

慢慢地，塔巴莎的狀況改善了，但我們知道她仍然有潛在的情緒不平衡點，飼主每次在遠行之前，也會從環境、行為和生物學角度做好準備與支持。幸運的是，如今她的焦慮狀態已經消失，被獨自留在家裡數天時，飼主會給她營養補充品防止舊病復發。

獸醫們藉著臨床觀察，推測出一個演化現象：我們每星期都會看到更多相當依附的貓（還可以接受！），但有些則過度依附，只要飼主一個週末不在，就會引發病理徵狀。

請記住……塔巴莎是因為表現出不愛乾淨等不受歡迎的行為，被飼主帶來接受諮詢，我們才能發現焦慮狀態，並找到源頭、治癒徵狀。但如果她的焦慮狀態並沒有顯現，而是被抑制住；主要徵狀也不是非自願排泄，只是過度舔舐呢？也或許什麼徵狀都沒有……

很多貓的徵狀是無聲無息的，牠們不讓任何人知曉牠們的痛苦。

因此，貓可能會得到依附焦慮症，我們從未懷疑過這一點，[4]但是貓科動物行為病理學的主要困難點除了之前提到的領域（生境病理）相關疾病之外，還要維持具挑戰性的共生關係。

一切都源於貓科動物缺乏社會結構。狗的反社交疾病已經有了定義[5]，所以有時還需要解釋人類和犬類反社會人格之間的差異。前者與精神病有關，後者只是有時難以在不同物種之間建立清楚且令個體安心的規則。這兩種情況，都牽涉到生活在社會中、會建立準則、遵守規則的物種，個體多少都能接受這些條件。

貓卻不然。牠們沒有階級制度和社會結構，只有一對一的關係；與另一個對象的關係能產生平靜快樂的感覺，或者產生完全相反的擔憂，甚至更糟的焦慮或憂鬱。

更甚者，徵狀在致病環境出現前就能被觀察到：我們有時會碰到還用奶瓶餵奶的小奶貓，牠們被發現時已經沒有母親了，是用奶瓶餵大的，有時會面臨非常複雜的整體發展過程。

路卡：野地裡的貓

路卡是疫情帶來的病例之一；他的行為根植於家貓行為特徵及自身條件的變化，但其程度引起了對行為病理學感興趣的獸醫的注意。我的全科獸醫同業察覺到他的異常行為，並且意識到事態緊急，於是毫不猶豫地把這隻兩個月大的小貓轉介到我的診所。

我見到路卡時，他才兩個月又十四天大……在我的行為治療病史裡，還沒有過如此年幼的貓。

我對路卡和他的飼主麗迪與雷米有特殊的情感。如果是在以前，像他這種小貓可能會被遺棄、野放回發現他的路邊、安樂死，又或者他留下來會對飼主造成重大風險。但在這個案例中，所有人都努力地想挽救這段人貓關係，用所有可行的方法照顧這隻小貓，同時顧及他的身體和心理健康。

路卡的故事很感人：在因為疫情封鎖而幾乎空無一人的街頭，麗迪聽到了哀傷的微弱喵喵聲。她循聲找去，看見三隻剛出生的小貓。她小心翼翼地沒碰觸或拿起牠們，以為貓媽媽會回來找小貓，這個決定很合理。她擔心小貓們的命運，便花了一整天監視狀況，看看母貓是否會回來找小貓。夜幕降臨，氣溫預報是零下，麗迪覺得小貓捱不過徹夜的寒冷，決定將牠們帶回家照顧。

儘管如此，在接下來幾小時內，三隻小貓還是死了兩隻：只有路卡活了下來。

麗迪和雷米聽了獸醫的建議後開始照顧他：他們給路卡喝品質很好的奶粉，讓他生活在充滿關愛的環境裡。讓他們沮喪的是，路卡開始發展運動能力時，卻變得越來越「有攻擊性」，常常在接觸過程中造成傷害。

如同每一位「家長」或負責教育下一代的人，麗迪和雷米深信，自己錯失了某些導致路卡行為失調的細節。

所以，我和小惡魔面對面了……

路卡小小的身體裡，似乎流竄著一股瘋狂的能量。在諮詢過程中，他會擺弄所有能搆得著的物品：放在長條凳上的紙、觸摸或躲藏在後時會發出聲音的百葉窗條。我在諮詢時通常會和患者進行許多互動；雖然視訊諮詢有其利益和貢獻，但面對面接觸無疑是寶貴的資訊來源，也有種不斷更新的樂趣。和路卡在一起，互動永遠充滿刺激的樂趣！我一跟他玩就注意到幾點：他不怕我、不怕互動，也不怕陌生環境；非常活躍、反應也快，不受任何約束。我一阻止他移動，他就會壓平耳朵，對任何能抓住的東西伸爪。

諮詢期間最有趣（也很有意義）的時刻，無疑是他把雷米當成一棵樹：首先爬到他肩膀上，然後是頭，接著從頭頂開始「攻擊」雷米根本不曾動過的耳朵……為了教學目的，我錄下了這段過程。之後我們打斷路卡的攻擊，無法再玩「新玩具」讓他很不高興。

關係失調的問題

為了釐清路卡面臨的痛苦，我們需要重複之前已經描述過的某些元素：路卡和牛軋一樣沒發展出正確的自我控制能力，但對於牛軋和其他病友們來說，超敏過動綜合症是唯一的病源，而路卡還缺乏抑制自身行為的能力，這正是與其他生物建立關係的先決條件。此處談論的不是社會化物種常見的服從或等級制度，而是抑制，亦即阻擋個體的某些反應，讓牠不具備與另一個生物建立聯繫的能力。在之前的記錄裡，我們看過牛軋和他缺乏自制力的徵狀；路西佛則因為焦慮而發動身為弱勢的傷害性攻擊。這兩個問題都會打擊貓隻與其他生物的關係，但牠們仍舊有能力「建立關係」。

路卡則沒有這種能力。由於缺乏與母親的接觸，無論之後的發展過程中接受到多少善意和關心，都會讓小貓無法忍受壓力。

在新的貓科動物行為病理學命名系統中，我們希望能納入一個有關關係的大章節，便將之稱為關係障礙症。這個字的希臘文字根結合了「schezi-」（關係）和「-pathie」（痛苦）。

與人或狗不同的是，反社會人格對貓來說並不存在；但是貓會得關係障礙症。問題不在於社會關係及其中所有的規則，而是兩個個體間的簡單關係。雖然這種關係不受階級制度的影響，但它必然依賴於個體抑制自身行為的能力，或接受某些事物的約束，從而能夠同步。

有些關係不適合某些貓（之後將會討論這個話題），而某些貓的成長過程則未能讓牠們做好發展關係的準備。像路卡這樣毫無抑制能力的貓，便會罹患關係失調症（aschézie）。

這種疾病的名字在表示關係的字根前面加上「a」，意指極度缺乏關係，但這不應該從字面上理解：因為它既不是一種宣判，也不是悲觀的預測，而只是說明了生命剛開始的現實狀態：小貓由於缺乏母貓的接觸與管教，因而未接受過個體之間發展關係的原則指示。多年來，人們都認為這種小貓不適合領養，但霍夫曼（Joëlle Hofmans）在其跨校獸醫行為學位的研究顯示，這種看法並不正確。[6]為了區分過早與母貓分離的小貓以及長期接受母貓管教的小貓，我們使用頸背提起反射測試（也就是抓住小貓的後頸——請注意，這並不涉及任何暴力，也絕對不是懲罰。請見「頸背提起反射測試並非懲罰手法」，第一二九頁）。如果提起時貓咪呈現胚胎的姿勢或放鬆姿態，就表示牠曾與母親接觸長達八週或更久。另一方面，如果牠過度伸展、露出爪子或表現出威脅行為，通常意味著牠只在出生後五週內與母貓進行有益接觸。此研究最初的假設是，與發展較為和諧的小貓相比，反射能力差的小貓會成為較不好的寵物。然而結果恰恰相反。那些領養了反射不佳的小貓的人，一年後對貓的滿意度反而高於那些領養了發育正常小貓的人。我們不得不思考這個研究代表著什麼。我們注意到，這些具有「不良」反射的小貓正如預期，展現出更多焦慮的跡象，而牠們對抗這種狀態的典型方式，是發展出對人類的過度依附。例如，牠們待在人類腿上的時間比「正常」小貓多得多；「正常」小貓在出生後的第一年裡則花很多時間玩耍、嬉戲、探索。因此，不良反射小貓確實患有行為障礙，但牠們也學到，與人類之間的聯繫能幫助牠們對抗問題；而飼主也認為小貓非常重視自己，並享受這種關係。雖然依附確實是這個矛盾關係的核心，但也促使我們重新審視最初的判斷。

準確地說，並非所有提起反射能力差的貓都患有關係失調問題。假如反射能力真的會影響關係發展，那麼我要在此強調，這種情況是可以改變的。某些動物保護協會的義工們讓我了解到，預測切勿過於直斷。曾經有些貓，我診斷後認為牠們永遠無法變得善於交際，後來牠們的態度卻改變了，變得非常親人，有時針對單一人類，但往往是對所有人都友善。我認知到：非常糟糕的開始，並不等於一輩子如此。尤其自從擁有可供採用的治療方法後，如今已經可以降低危險，進而延長人貓共居的歲月。

路卡就是這個矛盾現象的絕佳案例。

糟糕的生命開端

我對他進行頸背提起反射測試時，原本預料會得到很強烈的反應。不出所料，他發出嘶聲並掙扎起來；但幾秒鐘後，我突然感覺到手中的他放鬆了，結果幾乎就跟正常發育的小貓一樣，反射正常。

這讓我明白，生命初期不順利的路卡已經開始自我修復了，儘管在諮詢的那個當下，與他一同和諧生活仍然有困難。

所以讓我再重複一次，這絕不是我最後一次說：對貓而言，體罰永遠沒有意義！永遠無法解決行為問題，還會加劇焦慮狀態。「體罰有用」的錯誤認知源自一個事實（這點值得深入討論）——對幼犬來說，這種行為是有效的制裁。前提是必須溫和執行，並模仿狗媽媽的做法，也就是抓住小狗頸背將其按在地上，而不是把牠當李子樹上的果實那樣搖。貓完全不會使用這個方法處罰；母貓會花大量時間管教小貓，卻不包括這個手法。

路卡被飼主輕拍過兩三下（母貓也會這麼做），手法並不暴力，主要是為了干擾行為而非懲罰，但仍然無法阻止他。小貓暴力遊戲的主要對象雷米也會語帶威脅地責罵他，但從不動手打。

之後的行為徵候學分析（針對行為的所有面向所做的收集研究）證實，這個一開始頗為困難的案例，在之後有了相當正向的演變。

路卡用奶瓶喝奶時胃口異常大：他會先喝一陣子，怒氣沖沖地放掉奶瓶後，又回頭開始喝，就像個飢腸轆轆的孩子因為永遠喝不飽而深感沮喪。飼主會不借助暴力但堅定地拒絕他上餐桌（非常活潑的幼貓就像小偷，甚至會偷

頸背提起反射測試並非懲罰手法

提起頸背是一種診斷測試，是模仿母貓改換貓窩位置、進而混淆潛在掠食者的動作：這絕對不是懲罰！

我在討論不愛乾淨等病症而提起生理制裁時，有時客戶會說，他們用這種手法作為懲罰。當他們知道我並不會評判他們，反而會傾聽他們的心聲時，許多人會告訴我，他們一發現貓咪又在人類床上尿尿，就會抓住牠的後頸，用或強或弱的力道搖牠，「讓牠了解不應該再這樣做，這樣做不對」。

現在你對貓的行為有了更多的了解，應該已經明白這種做法行不通了！假如反射效果仍然存在，那隻貓與環境就會脱節；假如反射效果已經消失，這個動作將會讓牠感到痛，並引發攻擊性反應。總之，任何情況下這樣都發揮不了教育效果。

盤子裡的東西），同時路卡也隨時都可以吃裝在貓碗裡的高品質乾糧。

如廁訓練很早就開始了：麗迪讀了很多相關書籍，也獲得很好的建議。小貓被她收養時也許只有一或兩天大，括約肌還沒發展完全，她知道必須模仿母貓的動作觸發會陰反射。幸好，我們不用舔小貓的腹部誘導糞便和尿液排出，之後再大量舔舐將排泄物全部回收。只要輕柔按摩下腹部和會陰部位便能促進排泄，之後就可以用衛生紙或柔軟的紙巾將小貓擦乾淨。在生命剛開始時確保牠們的重要生存功能正常作用固然沒錯，但教導小貓了解生存功能的重點會更好。麗迪深知這一點，並且就像實境節目裡的母貓樂提，她會以抓撓方式向路卡示範砂盆的使用方式，並在貓砂上放一點小貓的排泄物後覆蓋起來。路卡如同由母貓管教成長的小貓，不到四週大就完成了如廁訓練。

他的標記很混亂：雖然從不做尿液標記，卻也不會在靜止物體上做臉部標記（或只是還沒做！我見到他時，他已經十週大了）。另一方面，牠常常在飼主二人身上磨蹭，但對他們而言有時太過火了；而且我同意，隨著磨蹭而來的，往往是無法控制和讓人受傷的遊戲或攻擊行為。

至於排泄區塊的安排，雖然很快就完成了，卻出現一些奇怪的現象。經過數週的治療，絕大部分的攻擊行為都已經受到控制，路卡卻將排泄區塊同時當成休息區塊。如同許多年輕情侶，麗迪和雷米的公寓並不大，所以偏好有蓋的砂盆，以免因為看見糞便和聞到氣味而感到不舒服。路卡卻決定將砂盆作為牠最喜歡的獨處區塊之一。他們告訴我這點後，我們就立刻著手用食物或遊戲把路卡誘導到其他地方，但他毫無反應。

對堅持尋找解決辦法的麗迪和雷米來說，治療的現狀越來越枯燥。這隻小惡魔缺乏母親的管教，在人類的悉心治療和照顧下朝著正確方向發展，但現在又怎麼了呢？關鍵在於改進。路卡正在重塑（幾近）正常的貓的行為模式，所以開始尋找保護性更高的獨處區塊。我建議麗迪為路卡購買毛皮「冰屋」（一種非常舒適的貓用小帳篷），能讓貓在感覺受到保護的同時，又可以盡情觀察而不用擔心被發現。經過一番猶豫，路卡選擇了新小屋，把砂盆留給排泄使用。

在我看來，路卡的故事可說是模範案例，因為目前看來結局很棒，但我們不能高興得太早……

命運並非注定

這個故事，也有助於回答一個對心理獸醫這門專業來說極為重要的問題：一切都在早期發展過程就決定了嗎？試圖改變貓隻往後的命運，是否不切實際？

我並不是毫無所感，我也很清楚對麗迪和雷米這類夫婦來說，很多人也許早就會放棄，把路卡野放回街頭了。但在我的印象中，越來越多新「飼主」願意花心思研究，在日常生活和動物福祉之間找到平衡。我們的角色是擔任人貓關係的保護者，了解人類的恐懼和憤怒；當然，還要了解所關心的每個物種的基本需求；但更重要的，是能夠為每個個體解碼牠們的平衡之鑰。

精神醫學（我指的是人類與獸醫的精神醫學），主要受到兩大批判：

- 從精神病理學角度評估一切，不將任何行為視為正常；或者從另一方面來說，再也無法界定可接受的行為限度；
- 過於規範化，這種傾向源自世界衛生組織於一九四五年對「健康」的定義，該定義至今未曾被質疑：「健康是一種在身體、心理與社會層面上完全安適的狀態，而不只是沒有疾病或虛弱。」[1]

將社會福祉納入健康的定義有個很大的風險。假如某人對其生活的社會不滿意，那應該被定義為一種疾病嗎？我想我們都清楚這個問題的答案！因為危險是顯而易見的：「治療」某人的社會適應不良狀況是精神醫學的責任，而它被當成強制社會和平的武裝力量。我接觸過相當多精神科醫生，並且和其中幾位成為好朋友，我可以證明在絕大多數情況下正好相反——大多數精神科醫生的工作是傾聽和包容，他們對精神問題的體諒令人深受啟發，值得受到尊重。

1 作者注：世界衛生組織章程，1985年（1946）。

不受社會規範的貓

我可以見證我們的學科以及法國自一九九〇年以來的做法。狗和貓不需要配合社會規範。對於狗，這個議題還有討論空間，也就是狗不能惹麻煩；而且有時「危險的狗」仍然會成為新聞焦點。容我提醒，基於這種荒謬的分類，有數以萬計的狗及其飼主遭受嚴重的負面影響。而貓呢？牠們倒絲毫沒引起注意（流浪貓除外，因為所有地區的政府遲早都得處理這個問題），所以貓不受任何標準的約束。獸醫精神醫學對牠們並沒有規範，並且只會為了牠們的健康、平衡和福祉而介入。

身為獸醫，我們也無法斷言某動物完全正常或完全異常。追查正常和疾病之間的界線，就是我們每天的任務。

「正常」的定義也取決於文化、地點和時間；對物種來說，馴養與否也是決定因素。

貓與人類的終極關係

我之前曾經討論過文納的研究。[8]讓我震驚的是，雖然發掘出這些貓的墳墓（證明了牠們對人類的情緒價值），他和同事卻不願斷言那些貓是被人類馴養的。吉蘭（Jean Guilaine）的團隊則在賽普勒斯的西路羅坎布斯（Shillourokambos）遺址發現一隻大型貓，並使用**馴化**這個詞（馴養一詞不常見於科學研究）。在今日，我們對貓隻行為失調的討論多半圍繞於人類對牠們的了解。我們面對的究竟是完全被馴養的動物，還是和我們分享私人空間，卻仍處於邊緣馴化狀態的動物？

需要提醒的是，這個詞的定義始終存在爭議；不同專業領域的說法會著眼於不同社會或生物面向。我同意羅素（Nerissa Russel）的說法，[9]認為應該同時考慮兩者。以貓來說，一切取決於觀察的角度：如果只考慮專門的育種場，其中貓的形態經過改變、極端外貌特徵出現，某些遺傳變異被保留作為品種標誌，在這種只有在特定環境與人類主導下才能進行繁殖的體系中，馴養就是顯而易見的。但只要看看那些照顧流浪貓的協會，就會發現另一種截然不同的情況：貓的形態在很長時間內幾乎沒有改變，許多人則希望能更有效地控制其繁殖。

動保人士總是喜歡宣揚可怕的數據：在四年內，一對未絕育的貓可能繁衍出超過兩萬隻小貓，這樣的數字讓人頭暈，但事實上這從未真正發生過。這種極為理論化的計算並未考慮任何自然調節機制。然而，這卻也成了現代版的達那伊得斯（Danaïdes）無底桶：捕捉流浪貓並將牠們絕育，並不會讓流浪貓就此消失。負責的行政機關、收容所、獸醫花了許多年才了解這個道理，並且在狂犬病自法國絕跡之後將節育過的貓放生。捉貓、結紮、野放回牠們原本生活的環境，比撲殺更有效。大自然深怕環境中出現空缺，如果生態中有適合貓生存的位置，牠們自然就會出現，無論你喜不喜歡……只要牠們是已經絕育過的，就不會造成貓隻數量大爆炸。

所以貓能被馴養嗎？我已經在第一章講過了：不盡然！

大部分與人類一同生活的貓都能回歸野貓生活，自給自足，以小型獵物為食。時至今日，仍然有些貓過著不與人類接觸或受人類幫助的生活。假如這些貓仍住在人類屋舍附近，並食用人為製造的食物，我們就稱牠們為流浪貓；要是牠們重拾原始的狩獵能力，遠離人居之處回歸林野，則稱為野化貓（chats harets），這個名字來自古法語動詞「harer」，意為「（靠自己的能力）狩獵」。

這些貓的存在提供了許多啟示：對牠們而言，馴化的旅程仍然有回頭路可走。一個曾經「有幸」與人類接觸的物種，仍然可以選擇擺脫這種依附關係。我相信這是牠們激起人類怒火的原因，讓牠們背負上千罪名，其中最嚴重的指控是牠們對生物多樣性的威脅。貓這個物種，竟然不把與人類共同生活當成一種祝福……

那麼，我們這些獸醫精神科醫師又該怎麼做？在野性與馴養這座天平上，我們又該把自己放在什麼位置？

醫療的關切與考量

我們的行為醫學（很重要，所以我在此重申）既不是規範，也不是道德標準。我們利用科學依據，證明在特定條件下，貓在室內也能擁有和諧的生活；戶外生活雖然刺激較多，但也帶來更多危險。對整個物種有利的，有時未必對個體有利……甚至可能還有害。

因此，身為獸醫精神科醫師的任務就非常清楚了：

- 排除教條式的想法，避免將家貓的室內生活視為不可忍受的囚禁（如某些人所說的「被禁錮」）；同時，也不應全然否定貓擁有外出機會、以獵物與獵人雙重身份活動的可能性，畢竟這樣的生活方式必定會伴隨現實風險帶來的高度緊張感。

- 提供關懷與照護（即著名的「關懷倫理」）：留意每個案例的獨特背景，根據病患可得到的資源，觀察牠是否能夠適應身處的環境，以及與周遭生物的互動關係。

充分了解所有現狀後，我會檢視五大自由（五大需求，或動物福利理論家所重視的五大領域）是否都已具備，以及為貓咪打造正向環境的五大支柱（見下一頁的五大支柱）。[10]這一點又回到了「規範化」的議題：由於貓的雙重天性，我相信貓的「正常」狀態比狗更具多樣性，因此，並不該將所有行為都歸類為病理現象。

但我們也有可信的指標能判斷痛苦、適應困難以及缺乏自發性可逆性，對我們而言，這些因素是確定行為病理學進入病態範疇的標誌。

因此對路卡的案例來說，指出他的問題很簡單。他躲過死亡，獲得生存的機會以及悉心照顧。然而，生命發展之初受到的創傷和自身的弱點，左右了他的抑制能力和自我控制程度，進而走上病理問題之路，這不僅讓路卡受苦，也對身邊的人類造成危險。因此，獸醫的角色就是減輕這種痛苦、重新建立適應能力，並陪伴路卡逐步恢復自我控制及抑制能力。之後藥物治療就可以停止，只需要持續進行行為治療，將方法融入這個群體的日常生活方式。這也讓我想強調一個重要的觀點，我知道很多客戶對此很擔憂：患者從來都不需要終身接受治療。我們使用藥物來恢復大腦的可塑性，但除非極少數特殊案例，常規做法會在一定時間後停藥，可能是六個月、十二個月或十八個月，這取決於實際恢復狀況、診斷、初步診斷結論和同時進行的治療強度。

路卡的藥是能對血清素產生作用的精神藥物：存在於神經傳導物質裡，與控制力缺乏和攻擊行為有關。

為貓隻打造健康生活環境的五大支柱

※內容由國際貓科動物醫學協會（International Society for Feline Medicine）提出

第一根支柱

提供貓安全的環境。

第二根支柱

為不同資源提供獨立空間：食物、水、排泄區、抓撓區、遊戲區，以及休息或睡眠區。

第三根支柱

提供機會讓貓咪玩耍並發揮其掠食行為。

第四根支柱

提供正向、穩定且可預測的社交互動。

第五根支柱

確保環境尊重貓咪的感官需求與嗅覺的重要性。

協助發展自制力

治療方法經典但有效：停止所有形式的身體懲罰（儘管他幾乎沒經歷過）以及可能引發敏感反應的口頭威脅。極度的害怕有可能引發與疼痛同樣強烈的恐懼反應。另一方面，對於「正常」的小貓來說，教導如「輕柔爪爪」這類指令相對容易。例如，當遊戲過程中出現抓撓失控的情況，可以輕按貓爪、讓貓自然收回爪子，以此作為訓練方式。藥物提供的控制力讓路卡能學習這些技巧：雖然將攻擊行為轉移到經過允許的玩具也是有趣的策略，但我認為持續用手跟貓互動仍然有其重要性（這種觀點可能不太正統），因為飼主能夠自行確認路卡是否能夠控制抓撓和啃咬。牙印和抓痕漸漸減少，人與貓的生活變得越來越快樂。路卡仍然在進步；雖然有時會復發，但已經不那麼嚴重了。麗迪和雷米以溫柔和尊重的態度伴他長大，而我負責享受這場短暫的勝利。

路卡是極端但深具啟發性的案例，揭示了某些「奶瓶貓」在建立基本關係時的困難。這種貓並不罕見，但我必須再強調一次：牠們是可被治療的，只要擁有足夠的同理心與知識，復原的機率並不低。在追蹤路卡案例後續所拍攝的最近一支影片中，我看見一隻體型頗大的貓躺在飼主身邊，摩蹭著對方。影片還附上這樣的訊息：「我們猜你看到這段影片應該會蠻高興的。」的確，我高興極了。

世界上有數以萬計、甚至數十萬隻的貓，因為建立關係的能力不符人類的期待，而飽受困擾：許多物種間存在著太多誤解，讓原本期待的友善關係，變成了強迫的、令人憂心的，或根本不適合的關係。

是時候為這些貓伸張正義，並重新燃起所有人的希望了。

伊西斯：通往地獄盡頭的旅程

貓並不是狗，這點值得我再次重複。

在治療工作中見過的許多案例讓我相信，雖然並非出於惡意，但人類缺乏換位思考能力，導致許多貓被當成狗對待。

這兩個物種之間有許多相似之處：牠們都屬於食肉目，已經與人類生活了數千年之久。兩者的發展都仰賴依附關係，讓牠們能在成年生活中建立正向關係。牠們也都生活在感官建構的世界裡：貓與狗的五感同樣敏銳，例如：牠們的嗅覺比人類的發達得多，更加拉近牠們與世界的距離。牠們都是幼態持續物種，青少年期的特徵會貫穿整個成年生活，例如玩耍的能力；對於我們這些提供牠們棲身之所和食物的人類來說，與我們遊戲的特徵更是明顯。

簡而言之，混淆對待貓狗的方式是可以理解的。

艾琳和雷蒙來到巴黎地區某大型獸醫院進行諮詢。時值深冬，兩人身上都裹著羽絨外套——而我很快就發現，外套的作用不只是保暖而已。

我的病人是一隻黑色短毛的小母貓，她毫不畏懼地走出籠子，朝我走來。我輕輕撫摸了一下，當我第二次觸碰時，她突然停下來並發出嘶吼。貓的這種嘶吼就跟狗的低吼一樣，是一種威脅信號，表示牠希望拉開距離，並要求對方停止與牠接觸。

她如此自我介紹後，我便停止接觸，轉而詢問飼主前來諮詢的原因。艾琳先說：「你剛剛也看到了：她會攻擊人！這讓我很害怕！……而且她現在很不愛乾淨。」

這幾句話概括了貓咪行為醫學諮詢中最典型的兩種抱怨——但這些不過是冰山一角。

伊西斯在診間到處走，先跳上艾琳的膝蓋，然後跳到雷蒙身上，又跳回艾琳身上；艾琳撫摸她四、五次後，她又發動了同樣的威脅。

在收集各種行為學徵候的同時，我觀察著伊西斯：雖然籠子是打開的，她卻不願意躲進去。她多次經過籠子，嗅聞了一下，但並沒有像那些諮詢時不願現身的貓一樣，把籠子當成避難所。

反之，每回她經過艾琳和雷蒙時，都會用耳根下方的頭頂部位摩擦艾琳和雷蒙，進而引發其中一人或兩人與她接觸。前兩、三次的撫摸她還能接受，但接下來的觸碰則至少會讓她扭頭就走、發出嘶吼或吐氣聲，有時甚至會揮爪示警，力度不一。

彼此共鳴的痛苦

獸醫精神科醫師的工作，一方面是基於有關大腦功能、神經傳導物質及其受體的日新月異知識，另一方面則是基於同理心；我們的同理心必須是多重的，除了試著根據最新或較舊但可信的科學數據釐清動物病患之外，也要照顧到病患的飼主。以伊西斯的案例來說，如果要嚴格定義「病患」一詞，那麼除了代表受病症所苦的主體，也適用於病患的飼主。我可以肯定的是，雖然伊西斯是由我診治的病人，但是我也能感受到人類的痛苦。縱使我無法取代心理學家、精神科醫生或家庭諮商師，但是對動物造成影響的互動關係確實屬於我可以介入的領域。在開始理解之後，就能做出解釋，進而促使客戶與我合力找出辦法減輕他們的痛苦，那麼我同時也等於在治療這隻動物（這也是我的首要使命），從而改善所有相關對象的生活。

收集行為符號，就是收集被我演繹為徵狀的跡象；過程始於對動物的觀察，搭配與牠共同生活的人類的敘述。無庸置疑，我們總是會從人類的角度觀看，並且企圖從動物的感受去捕捉蛛絲馬跡。在今日，我認為強調哲學和動物倫理學很重要。根據定義，我們的動物夥伴是他律的：仰賴人類決定是否願意陪伴牠們、為牠們發言、寵愛牠們，或甚至有時虐待牠們；縱使行為和反應能傳達牠們的想法，嚴格說來牠們仍永遠無法傳達自己的意見。儘管我已經強調過，如今已有辦法證明家貓的痛苦，並辨認其病理狀況，然而……我們還是無法知道牠們的全部個性、情感和想法。

我從對伊西斯的觀察中，得到許多把鑰匙：她並不討厭人類，也不害怕過度接觸。她不會試著躲開我們，甚至有興趣與陌生人接觸。她會回到人類夥伴身邊尋求安慰，並在他們身上做異體標記（摩擦並留下她熟悉的費洛蒙），這表示人貓之間的關係品質很好，具有明顯的正面跡象。那麼究竟是什麼問題，讓狀況惡化到足以導致病理狀態，出現間歇性焦慮、尿液標記和惹人厭的攻擊？

檢查完貓的行為後，就該了解人類了。

「請告訴我：她第一次發動攻擊是在何時，又是如何出現的？」

此時，伊西斯跳到艾琳的膝蓋上磨蹭她的下巴，我立刻感受到艾琳的恐懼。

「嗯，有點像這樣……伊西斯會在晚上我上床時跳到身邊，像你看到的這樣磨蹭我的頭。有天晚上我正在摸她，她突然用力咬了一口我的下巴。我痛得大叫，她卻一溜煙跑走了。」

「只發生過一次嗎？」

「不只一次。我們之前就建立了這個睡前擼貓習慣。她每天晚上都會來磨蹭，還會發出呼嚕呼嚕的聲音。第二天她又來找我時，我有了心理準備。我還是一樣輕輕摸她的頭，但只要一感覺她又要咬我，就立刻把她推開。」

「那麼，這種情況總共發生了幾次？」

「至少四、五次。其中至少有兩次，是我摸她的時候被用力咬下巴，我就把她趕跑了。後來她就開始亂尿尿！」

「你的反應如何呢？」

「就像之前解釋過的：我先給她看尿漬，把她的鼻子壓到尿漬上面，輕輕敲一下告訴她這樣做是不對的。」

無論你相不相信，解決問題的關鍵在於不作評判，即使在這樣的案例中，我們知道某些人類的反應其實讓情況更糟了。在診斷時始終必須考慮，人類並非出於惡意，區分錯誤和過失是很重要的。當一個人真誠地相信自己在做正確的事時，無需背負罪惡感。

理解，而非強迫

我需要解釋的，是貓與狗和人類的差別究竟大到何種程度，人貓關係對牠們來說又有多麼非必要。根據定義，貓屬於非社會性物種，缺乏合作機制，特別是和解。之前說過在牠們的雙重天性中，獵物天性優先於掠食者天性，因此格外容易敏化[2]，牠們對關係的反應也是如此。也就是說，無論一段關係剛開始時雙方是如何互利，一旦關係開始變得負面、可怕或危險，貓可能就會放棄這段關係，用越來越負面的態度回應彼此的接觸。

事實上，我得告訴各位一個祕密：貓咪的西裝內裡口袋，總是裝了本紅色筆記本，牠們會把不愉快的事件記錄在裡面。這本筆記本裡記下的內容，有個非常煩人的特點：它們永遠不會被擦掉。因此，我們必須不惜一切代價避免被記上一筆，永遠不能以肢體或

2 譯注：對同類刺激產生越來越激烈的反應。

言語懲罰，或進行可怕的威脅和讓貓不悅的操弄。

就算你的貓第十二次在窗簾上做尿液標記或剛打破一只珍貴的花瓶，在你動手打牠或大聲責罵之前，請先想想那本紅色筆記本，然後克制自己。這並不代表我們必須接受一切，或是貓不能受到教訓，但強迫的手段向來不是貓學習的方式。莫泊桑（Guy de Maupassant）曾說：「貓就像紙，皺得很快。」他和大仲馬（Alexander Dumas）、佛朗士（Anatole France）以及波德萊爾（Charles Baudelaire）等人聯手組成了貓科動物辯護聯盟。他的描述既精準又優美：貓與人的關係就像皺巴巴的紙，永遠無法恢復先前的狀態。

這正說明了不破壞人貓關係的重要性。對於伊西斯和艾琳來說，雖然已經晚了，卻還不到無法挽救的地步。

錯誤的組合：用拍打應付咬嚙

伊西斯很愛她的飼主。對她來說，咬嚙幾乎可說是出於一種狂喜，她混淆了愛與痛苦；與人類的接觸使她興奮到了極點，這也是誤會產生的起點。事實上，在她開口咬之前並沒出現任何攻擊行為：因此這種咬是出於興奮，而非攻擊。我們可以理解，艾琳會對突如其來這一咬大吃一驚，因為她期待的是溫柔的回應，而艾琳的防禦反應也是出於本能；但這樣的反應，對這隻正因為與人類接觸而心花怒放的貓來說毫無意義。接下來就是雙方的不信任，以及對彼此提高警覺：對伊西斯來說，人類朋友變得不可預測，會威脅或毆打她，促使她翻開紅色筆記本，把這件事寫在第一頁。請想像貓咪的沮喪：人貓之間的交流中斷了，牠的心情變得非常不好；既然兩者接觸時的情勢走向變得不可預測，牠便做出所有貓都會做的事：試著用標記領地的方式恢復和諧，而選擇優先使用尿液標記，顯示情況正在惡化。緊接而來的懲罰不斷重複出現，牠從沒聽過的責罵則讓情況更糟。還有希望的是，這種情況幾週前才開始發生，尿液標記甚至在更近期才出現——所以治癒的可能性很高。由於伊西斯開始表現出間歇性焦慮的跡象，我們便針對這一點開始治療。但是，唯有擺脫惡性循環，這些努力才有價值和成效。

伊西斯又一次在諮詢過程中跳到飼主身上。飼主在撫摸她的過程中輕輕捏了一下她的尾巴，引發了伊西斯的威脅。但是她之後又回來磨蹭艾琳的下巴，艾琳也回以撫摸，我打斷她：

「別再摸了！一下就好……等她回來主動要求和你接觸。她會跳到你身上、靠著你，或是用臉在你身上做標記，但不表示她想被摸，況且撫摸會讓她不舒服。」

「但她既然跳到我身上，應該就是想要我摸吧。」
「那倒不是，她跳到你身上，是因為……她想跳到你身上。」
艾琳臉上寫滿驚訝。我理解！
「對我們人類來說，坐在另一個人膝蓋上，通常就表示我們期待接下來還有後續發展。」
兩個人哈哈大笑，我也笑了起來。
「但是對貓來說，背後的意義卻沒這麼簡單。兩位也看到了：諮詢一開始，伊西斯就過來找你尋求安慰，但是只要你一碰她，她就走開了。你是她的避風港，但必須想像自己戴著一副很燙的手套。摸她一下還無所謂，但假如堅持繼續摸，就會『燙傷』她，她會痛的。」

解譯貓的心思

我的職責，就是擔任貓的翻譯！人類和貓有不同的行為模式，雖然普遍來說，與貓建立關係並不難，但仍然存在許多行為學上的誤解。我們人類為自己最發達的認知能力而驕傲，那就該好好利用這些能力，更加理解這些選擇與我們同住的朋友們，畢竟貓的想法並不像白紙黑字那般明明白白。翻譯就是諮詢的重要時刻：診斷往往沒那麼困難，但若想讓治療照顧到每個面向，就得打造堅實的治療同盟。要做到這一點，飼主必須和我一起追溯問題的根源。我感覺艾琳和雷蒙並沒有被我的第一個解釋說服，不過膝蓋的比喻，尤其是會燙傷的手套，稍微改變了他們的想法。伊西斯幫了我大忙：在一個小時的諮詢時段裡，她讓他們看見了飼主對貓有多重要；他們是她的避風港和安全基地。這些基礎跡象表示，貓認為這是具有安慰效果的良好關係，我也能夠誠實告訴艾琳，她的貓很愛她，所以我們只需要從行為學（我也想說是文化上的）誤解角度去尋找問題根源。

建立相互尊重的關係

治療動物永遠都需要三方共同努力，包括治療者的知識、人類飼主的治療意願，更不能忘記動物的參與。每一方都必須同意，一起面對共同的目標；而且都必須打勝仗：首先是身為病患的貓，接著就是陪伴貓的人類。

對伊西斯來說，「不再被懲罰」和「能夠與人類維持非侵入性的接觸」，是兩個不可或缺的目標。雖然艾琳和雷蒙現在已經了解，貓接近他們的時候其實並不想被撫摸，但他們仍然希望人貓之間有更多接觸。伊西斯給了我設計出「欲望治療法」的靈感。

徵得同意或欲望治療法

貓必須能夠根據牠的意願，表示自己想被撫摸的程度多寡。此時可以建立接觸信號：比如：人類伸手、握拳，中指微微彎出。假如貓過來磨蹭這隻手指，就表示牠願意進一步接觸。接著，人類就能輕輕慢慢地摸牠，不帶任何激烈的動作。最後輕摸一下貓尾巴，但當然絕對不能捏。重複做同樣的手勢，假如貓又過來磨蹭，就可以繼續摸牠；但假如牠不過來，就停止這個程序。幾次之後，伊西斯已經知道，人類不會在她不願意的時候摸自己。懲罰的停止也減弱了焦慮狀態，同時搭配降低過度警覺和標記的適當藥物。光使用藥物並不夠，也無法長期改善徵狀，還必須評斷病理程度，以及借助行為治療重建平衡。使用精神藥物通常是必須的，但永遠不是唯一的辦法。

與你的貓約會！

除了欲望治療之外，我們也針對人類開立了「約會治療法」。如果想和你養的狗親近一下，大多數情況下只要叫牠過來就行；反之，貓就沒這麼簡單了。對對對，我知道你的貓會回應你的呼叫，而且隨時準備好和你親近，但是把貓概化的問題在於：永遠會有例外。我們先看看比較普遍的案例好了。我的上一隻貓芙蘿拉只要沒受到太多束縛，通常是既親人又好脾氣的。我知道有兩個地方和時段，幾乎能保證她願意讓我撫摸，還會對我發出呼嚕聲。第一個是夜晚的壁爐前，但如果狗離得太近，她就不會過來；第二個是睡前及早晨的床上，她很愛躺在我背後或胸口，一邊發出呼嚕聲一邊磨蹭，同時像動畫《賽門的貓》（*Simon's Cat*）的主角那樣叫人類起床。[11]我和貓老師琪琪塔的約會時間則是早上七點，位置是客廳沙發上，在我伸直雙腿的時候。我父親常常告訴我的故事，也描繪出我們家的貓和人類約會的習慣。他小的時候，家裡有一隻叫「豹妞」的貓，因為她常常躲在前門後窺伺，猛然跳到婦女的裙子上，受害者的尖叫聲似乎帶給她很大的樂趣。父親上床睡覺時，豹妞會跟過來躺在床上發出呼嚕聲，讓父親摸她。接著她會突然站起來，用嘴抵著父親臉頰，如同晚安一吻，然後離開。有一回父親想拉住她卻被揮了一掌，這個刺痛的教訓讓他了解到，貓的友善只為了表示愛意，而不是想被束縛。

我相信，有數十萬的人能和我分享他們和愛貓相處的時光。但假如情況並不圓滿或人貓關係複雜時，我就會開立「約會治療法」。這種方法的概念是確定貓的喜好，讓牠有機會在特定地點、特定時間，自主前來和你及牠愛的人會面。

艾琳和雷蒙徹底實行約會治療之後，伊西斯不但停止了咬嚙和標記，還和人類有了更多相親相愛的時刻，人貓關係就此改善。

貓在家庭中的地位

伊西斯的案例，顯示出貓在家庭裡的地位。我們已經看見，貓是現今法國居首的寵物，共有一千五百萬隻之多。之前提到，這種熱潮的主要原因都是正面的——對物種及其特殊性的興趣、對外觀的追求、符合當代價值（尊重身體，「繭居」風潮）；但貓也是風險的來源：以貓取代狗，使得原本的空間設定過於束縛、受歡迎網站上對貓的扭曲形象、譁眾取寵的書籍等等，所有原因都使得貓的行為模式遭到誤解，被拿來與社會性的人類和狗相提並論。如果有必要，貓確實可以愛另一個個體，但是牠必須先適應群體生活，而不是社會化生活。

這是為貓癡狂的年代，但是一如既往，當某個動物變成標竿時，有時候是出於不好的原因；而就算飼主完全出於好意，貓有時仍然會受到誤解，並且住在不理想的環境中。

無論如何，我希望隨著你閱讀本書的進度，情勢能越來越明朗；假如我們能夠徹底去除社會化物種慣有的階級觀和中心主義，那麼了解貓就不是件複雜的事了。人類與貓的共同基礎是連結的可能性：人與貓建立能夠建立讓生活更有意義和興味的關係。無疑地，我們也有深埋在人性底下，偶爾會浮上表面的獵物／掠食者雙重天性。以生理條件來說，人類不是天分很高的掠食者，但是卻發明了能幫助狩獵的武器，這一點正像貓：藉由高度發展的認知系統彌補弱小和貧乏的天生防衛機制。

我們做不到也不應該做的，是以家犬的標準要求家貓。

我們應該花時間思考貓這個物種，正如本書的目的，研究如何建立人貓之間的和諧合作關係，貓和人都能自此獲益良多。

把自己放在貓的角度思考，例如不強迫牠們和其他貓共同生活。不過即使如此，也仍有解決辦法：有能夠安穩生活在大群體中的貓，也有不習慣獨自居住的貓。只不過，無法忍受與其他貓隻生活而來找我諮詢的案例，比獨自與非動物夥伴生活的貓來得多。

平均來說，養貓的法國人家裡會有不只一隻貓（準確來說是一．六八隻）。由於貓不能按比率切割，這個數字代表平均每五位飼主就有八隻貓。

所以許多家戶都有一隻以上的貓，這種共居狀態，就可能造成行為失調。

「霹靂嬌娃」：查理、甜心及親親

貝雅蒂絲住在巴黎市區一間非常美的公寓裡，室內面積一百三十平方公尺。她來找我的原因是兩隻貓甜心和親親的打架問題：她們對彼此的攻擊並不會造成皮肉傷（雖說有時會貓毛滿天飛），但是很吵。而另一方面，屋裡另一隻公貓查理卻不曾和兩隻母貓發生過爭鬥。

由於貝雅蒂絲無法帶三隻貓來診所（據她說，上一回帶親親去看獸醫的經驗很經典），她便問我是否能做遠距諮詢。獸醫這一行的規定相當嚴格，用意在於保護動物；所以第一次諮詢不能使用視訊，一定得面對面看診！然而有一個可能做法：假如所有的貓在過去一個月之內都看過獸醫，那麼該位獸醫便能提供證明，並協助尋求專科獸醫進行合法的遠距諮詢，我們的首次遠距諮詢就是這樣開始的。如同小甜甜的案例（請見第2章的〈小甜甜公主〉），我能在不驚擾貓隻的情況下造訪公寓。貝雅蒂絲首先介紹我認識查理，他是一隻大體型的橘貓，正以人面獅身像的姿勢趴在單人沙發上。然後我看見一個淺色毛球掠過鏡頭前，躲到家具下。

「啊，剛剛跑過去的是甜心！要是她躲到家具下面，就代表親親肯定在不遠的地方。」

幾秒鐘後，我看見一隻歐洲貓慢慢踱過來，轉頭朝向甜心消失的方向。

現在，我終於見到三隻主角了。

甜心是一隻五個月大的布偶貓。我之前已經談過同個品種的塔巴莎，這個品種正掀起一股風潮。牠們的毛非常柔軟，毛色近似緬甸貓，並有著暹羅貓的花色（淺色身體、深色臉孔）以及漂亮的白手套。

和塔巴莎一樣，貝雅蒂絲選擇飼養甜心，是因為這種貓以極度溫和聞名，甚至可說到了逆來順受的程度。容我再強調一遍：雖然布偶貓的名字意指牠們願意像個布娃娃般被擺弄，但我們不能粗魯地抱或操控任何一隻貓；沒有攻擊性反應不代表牠們喜歡人類的行為，抑制態度往往是因為貓想掩飾不舒服的感覺。牠們靜默地承受痛苦，幾乎不表現出來，同住的人類便常常忽略掉這些徵狀。毫無疑問，這正是為什麼少有這種貓被飼主帶來接受諮詢。

共同生活的困難

獸醫對改變現狀具有極重要的責任：在諮詢過程中，獸醫能夠向飼主解釋，任何活動的減少都可能是焦慮行為跡象，不應被忽視。貓舔拭自己直到肚腹變得光禿禿，或是患有暴食症的貓變得過重並且無法遵守節食規則，都顯示出長期焦慮狀態；這類病理抑制現象需要飼主和獸醫的細心回應。

幸好，甜心跳脫了品種的既有特徵，是一隻非常活潑的小貓。嚴格說來，牠對貝雅蒂絲很溫和，對另外兩隻貓卻很有侵略性。牠勉強同意讓貝雅蒂絲抱起來，但是幾秒鐘之後就掙扎著離開，繼續做自己之前的活動：大部分是躲起來然後撲向屋裡其他兩隻貓。

查理願意偶爾容忍小貓的粗魯遊戲，親親卻不同。十四歲的她有好幾次對年輕母貓不按牌理出牌的「攻擊」祭出兇猛的回應，向對方發出嘶聲和哈氣。這些富攻擊性的回應並沒逼退甜心，反而不屈不撓。只要親親一看見甜心，就會趕走她，最好是趕出領域之外。但是這個做法在公寓裡有其困難，貝雅蒂絲也開始擔心：

「你了解，醫師，已經發生過這種事了！我在幾年前想領養另一隻貓，為了謹慎起見，收容所讓我先試養幾天，看親親能不能接納她。不幸的是，冠冠根本連八天都撐不過！親親會追她、咬她，最後我只好把冠冠送回去。」

「的確！某些貓根本不願意分享領域。對於這一點，我們絕對不能概括而論。就拿你的查理來說好了，他似乎能接納所有人，可以說是社交能力非常強的貓。但是假如另一隻貓跑到親親的領域裡，還做了標記，對她來說就很難再重新定義自己的領域了。況且要是新來的貓又缺乏自制力，不尊重家裡原有那隻貓的意願、保持距離，兩隻貓就很難維持和平的室友生活。」

我不知道自己這輩子得解釋多少次，貓的行為不同於其他社會性物種。雖說牠們能和另一個相同或不同物種的個體建立非常緊密的關係，但這並非出於貓的主動意願；兩者之間的關係必須符合某種條件，更何況此條件往往無法達到。

無法共居會讓人類失望，因為他們出於好意，想藉著提供夥伴取悅他們的貓。所以有一回，我在廣播節目裡聽見一位叩應來賓說，她先讓自己的貓生一窩小貓，然後留下其中一隻，好讓貓媽媽不那麼寂寞。起初的四、五個月挺融洽，但是兩者關係漸漸變差，母貓無法再容忍自己的孩子：對牠發出嘶聲，然後是攻擊，拒絕一起玩，最後開始顯露焦慮跡象。飼主的幻想很容易理解，她認為母貓缺乏母性。雖然我們仍然無法確定，但是母貓在生產後的前幾星期，[12] 顯然因為認得自己的孩子，所以行為與平常不同；但母子關係會在幾個月之後消失殆盡。兒子或女兒成了另一隻成貓，就像任何其他貓一樣，是入侵者。這種行為對人類來說難以理解，在貓的世界卻很正常。至於甜心和親親的案例，對甜心來說是對母親提出要求，但是都被親親拒絕。兩個個體中一個缺乏自制力，另一個則易受焦慮困擾，於是對雙方都形成不自在的環境，是家庭關係都無法弭平的問題。

讓我們回到漂亮的巴黎公寓……

親親是一隻歐洲貓，她繼查理之後加入陣容，後者以非常溫柔的態度歡迎她，兩隻貓共享領域。我已經強調過獨處區塊的重要性；它對貓來說是安全領域，其他生物必須尊重。查理選擇的是單人扶手沙發，親親永遠不會佔據這個位置；她選的是抓架和三人沙發，同樣地，查理也不會挑戰這塊地盤的所有權。貝雅蒂斯晚上睡覺時，親親常常傍著她蜷伏，既能滿足她要的人貓接觸，又不會被撫摸。如同貝雅蒂斯告訴我的，親親已經拒絕和另一隻貓冠冠分享這個區域：整個過程只經過幾天，而且非常不順利，貝雅蒂斯認為錯在於自己試著引入另一隻成貓。她相信小貓擁有被接納的特質，又由於自己「愛死」這隻小布偶貓親人又滑稽的個性，才決定重新試一次。

「我剛開始還以為成功了。我看得出來親親不喜歡甜心，因為她不喜歡任何一隻貓，但是親親會小心避過甜心，在抓架上待很久時間。甜心上不去。」

「查理的反應呢？他會跟甜心玩嗎？」

「查理簡直是天使。雖然我看見甜心的態度有點過火，可是查理很棒，他會和甜心玩一下，不會攻擊她；有時候甜心要是太過火，查理會用爪子抱住她。那個時候我就會出手，把甜心關在另一個房間裡。」

「那情況又怎麼會變糟？」

「有一天，親親從房間出來，甜心跳到她身上。看起來只是粗魯的遊戲，可是親親的反應很兇。她朝甜心嘶嘶哈氣、追趕她、用爪子搧她。假如我不在，親親很有可能抓傷甜心。」

「甜心的反應如何？」

「我覺得她根本不了解狀況。五分鐘之後，她又準備重新開始，還跟在親親後面寸步不離，想睡在離她不遠的地方。查理對甜心的接納度越高，親親就越受不了甜心。」

「所以情況越來越糟？」

「是啊！我發現甜心可能會因此受傷，而且情況超級糟的，就把她們分開來了；我的公寓有足夠的空間分給三隻貓，可是我得記得關門，因為如果我忘了關，親親就會攻擊甜心。」

極其不同的關係

這是非常經典的案例，描繪出貓的演化過程。這個案例再次證明我們對物種的誤解：在想到成熟的個體，特別是雌性物種時，我們會以為牠較能接受年幼個體，較無法接受成熟個體。母貓對待自己的小貓確實符合這個概念的中心思想，但是並不能因此概化地設想牠會包容其他小貓。容忍發育中的個體對於接納幼小個體很重要，特別是對於社會性動物來說，比如人類、狗和狼；但是非社會性的貓科動物並非如此。我們已經印證過，[13]母貓能夠接納新的幼貓加入既有的幼小骨肉中，尤其在牠之前已經生育過的情況下。在野外，一群母貓願意共同照顧牠們的幼貓，[14]卻無法保證會接受外來幼崽。

諮詢客戶們眼見自己的非社會化成貓攻擊幼貓，進而想像可能造成的結果，心裡受到的創傷可想而知。貓不是狗，牠們的社會結構並不基於接納其他個體。心理獸醫們必須花許多心力理解和解釋牠們的世界，但是同理心也能幫助我們在尊重個體行為的同時，找到解決辦法。因此我向貝雅蒂斯解釋，親親的反應不是「發瘋」，就算她和甜心的關係不好，仍然屬於正常範圍之內。

想界定問題沒有其他方法：我們必須檢視所有貓隻的行為，而且這個案例不只一隻動物，而是三隻；我們也不能忘記每隻貓與另外每隻貓以及飼主之間的互動。這個收集行為符號的階段往往會讓飼主大吃一驚，因為他們以為我們只針對問題行為作治療。在諮詢剛開始，我的確會針對問題行為，但那只能給我大概的方向，之後我就會暫時放在一邊，著手檢查患者其他行為模式。我越能掌握整體行為，就越能斷定動物的患病狀況、牽涉其中的神經傳導物質、與原始行為相較的失序程度差別，進而做出診斷、預後可能和治療方法。

共享領域：複雜的同居

在「霹靂嬌娃」案例裡，診斷出問題並不難。患者遭受的痛苦來自兩隻貓之間（種內）的關係（關係障礙症），並與領域分配（生境病理）有關。今天我們將這個病症命名為種內生境關係病理（biotoschézipathie intraspécifique）。之前曾經談過共居焦慮，但是即使與共居有關的行為失調是正確病因，也不代表兩隻貓永遠會出現同樣的焦慮狀態。我們能夠看見所有病理狀況：從正常反應階段到恐懼、兩種焦慮（外顯或抑制）階段或憂鬱階段。系統式診斷結果不代表獸醫的工作到此結束，我們還必須為每隻動物做出實際診斷。雖然查理沒有問題（脾氣太好不算是失常），但不代表這與親親和甜心有關。

正常和疾病之間的差別往往在於「極限」。我檢視過所有行為後，可以確定甜心的自制力必須提高，但並不能確定她是否患有超敏過動症。親親也一樣，她的平衡狀態很脆弱，而且成長過程中無疑缺乏外來刺激，但是在整個大類別裡仍然算是「相當正常」。我之所以有信心這麼說，是因為舉例來說，她的睡眠狀況並未顯示焦慮或憂鬱。三隻貓都照常睡覺和做夢，但根據貝雅蒂斯的說法，親親必須「淨空」床鋪，每天晚上都會把甜心趕下床。三隻貓仍然會玩，胃口也都很正常規律，而且沒有尿尿標記或過度抓撓。三隻貓都會在靜止物體和貝雅蒂斯身上做臉部標記。

愛牠，不一定要碰牠

親親向來不喜歡被長時間觸碰：假如貝雅蒂斯將她抱起來，她會掙扎並且亂抓。就算是親親主動來找貝雅蒂斯，在被撫摸了一、兩下之後，牠就會發出嘶聲走開，或威脅性地舉起前腳。我曾在《札米的世界》節目裡回答過許多人提出的貓隻撫摸後咬人問題。[15]假使小貓還在母貓肚子裡時便習慣輕柔的觸摸，那麼牠出生之後就能忍受甚至享受人類的撫摸。所有在發展過程學習過這種早期接觸的小貓（小貓至少在出生前兩週便對接觸有感覺），會對我們認為不舒服甚至產生痛楚的皮膚接觸擁有高容忍度。貓的撫摸咬人徵狀往往造成人類的重度誤解，認為他們的貓會騙人或陰晴不定：主動要求接觸，卻又抓或咬摸牠的人。我必須一次又一次地解釋，會主動接觸的貓不表示想被觸摸。牠願意躺在你的身邊便已經是重要的信號，代表你給牠的感覺夠平靜，讓牠有安全感。親親無法忍受觸摸，代表牠在早期發展階段缺乏接觸，但並未顯示焦慮狀態。

當然，將一隻有焦慮傾向的貓和缺乏自制力的貓放在一起，就會促使衝突發生；但是當行為符號告訴我兩隻都沒有病的時候，我就知道會有很好的預後結果。

重建和諧的生活環境

接下來，我開始設計治療程序。對於貓病患，這些程序永遠是以環境為考量重點。如第2章，我們必須尊重每隻貓的需求安排不同領域位置，重建生物群落的和諧。我必須強調獨處區塊的重要性，特別是有焦慮傾向的貓，因為牠們不願和其他個體共用這個區塊。

可以運用的手法細膩度各有不同。假如貓有植入晶片，飼主也負擔得起（大約兩百歐元），我會建議裝設智慧型電子貓門，這種門只會打開讓相配的貓回到安全處，而牠也會很快理解到自己不會被打擾。

我們使用了跟對路西佛一樣的干擾刺激法（請見第1章的〈沒有敵人的戰場〉）：用水槍或清潔鍵盤用的壓縮空氣罐，來干擾親親的攻擊行為，卻又不會處罰到甜心。干擾不是懲罰，能讓甜心有時間逃到別的地方，也有機會把親親引導到其他遊戲，雖然並不總是會成功。

重新組織環境、干擾和重新引導攻擊行為、停止處罰，絕大多數的貓隻治療都是依循這個架構。

前面說過，甜心和親親沒生病，但是已經出現了傾向：甜心的過動和親親的焦慮。所以我使用不同的營養補給品。給甜心的是 α 乳白蛋白（alpha-lactalbumin），含有豐富的色胺酸，是血清素的前驅物，而血清素是扮演控制機制的腦部神經傳導物質。給親親的則是另一種乳蛋白「專利酪蛋白胜肽」（alpha-casozépine），結構類似胺基丁酸（GABA），是控制焦慮狀態的重要神經傳導物質。假如飼主還沒試過費洛蒙，我通常會搭配費洛蒙發散器，但是貝雅蒂斯已經用了幾個星期卻沒有效果，我便不再堅持。

六個星期後，兩隻貓大有進展，速度甚至快到貝雅蒂斯根本不用買電子貓門。由於她已經了解原則了，所以只需要關上自己的房門，也就是只有親親會進去的空間。親親現在會睡在貝雅蒂斯房間裡，放鬆地仰躺著，代表她覺得萬分安全。

接下來還有一些追蹤治療。為了進一步改善情況，我們每天上午會餵每隻貓一滴火麻油（huile de chanvre），就滴在裂唇區域。這種補給品剛被核准不久，能使動物放鬆，在某些案例中能增加自制力。

到目前為止都是好消息，攻擊行為也消失了。貝雅蒂斯注意到雖然情況改善了，也不再有危險，但是她不確定年事較高、她最想保護的親親會長期樂見家裡有新來客。她開始思索是否繼續養甜心，但是她現在知道了這些貓的行為模式，所以並不急著做決定。

如何讓貓隻彼此共同生活，或和其他生物共同生活，永遠都沒有既定的結論。貓有形成極密切連結的能力，但是假如將連結關係強加在牠們身上，牠們也會出現同樣激烈的痛苦反應。只要客戶一了解，我們就能進一步解釋：貓的關係中，一切都有可能，但是絕不能強迫。只要非出於自願，貓將這段關係視為負面經驗的可能性就大增。

伊西斯的證言是，住在一起並不容易，因為物種之間的誤解隨時可能發生。「霹靂嬌娃」則讓我們看到，即使是同一個物種，重疊的生活區塊和被迫共居也能引發緊繃情勢。

幸好，我們能夠理解大多數狀況，進而解決對立：結合對人類和貓隻的同理心，有必要時重新調整生活環境，加上適當的治療和特別量身訂製的配套照護措施。

第4章
飛越貓窩：貓真的會發瘋？

「所有的貓都是會死的肉身。蘇格拉底是肉身。所以蘇格拉底是貓。」

——法國劇作家歐仁・尤內斯庫（Eugène Ionesco）

是時候問一個關鍵性問題了：貓究竟會不會「發瘋」？

之前已經從行為病理角度探討過貓：關係、生活地點和掠食者天性，都能使牠們發生許多問題，需要獸醫的介入與協助以重新找到平衡。幾年之前，所有這些問題都會被稱為神經病症，但是這個名詞後來從分類中剔除了。根據每隻動物的個性和生活環境，這個名詞將牠們所具有的生活障礙和適應問題都一言以蔽之。絕大部分來接受諮詢的問題包括恐懼症、焦慮、憂鬱，尤其如果我們將超敏過動症中的缺乏自我控制現象也算進去的話。所有來諮詢的貓都確確實實地活在現實生活當中，雖然有時牠們的世界與我們的不同，需要我們運用想像力，摘掉人類中心主義的眼鏡。

那麼我們來看看，家貓是否真有可能罹患精神病。這個名詞包括所有與現實脫節的狀態，這種類型案例的貓，正是我們所說的「瘋貓」。

「瘋狂」二字具有許多爭議，我將它們用引號標出來，是為了表示這是出於謹慎的用詞，雖然每個人都知道它們的意思。

貓的精神病理學

行為學名譽教授克澤爾（Michel Kreutzer）在他的著作《動物的瘋症》（*Folies animales*）[1]中，談到一個自一九九九年動物精神醫學獸醫（ZooPsy）協會創辦以來，我們始終在捍衛的概念。他在著作和某些訪問中指出，從我們認為動物（至少某些動物）擁有心理活動的那一刻起，精神病理學的概念就已經存在。他引用了艾伊（Henri Ey）[2]著名導論中的措辭（文中直接引用），該導論或許是首次明確定義「動物精神病學」（zoopsychiatrie）一詞的著作。艾伊也強調，不能單純將行為概念從一個物種轉置到另一個物種，且每個物種或許都應有其獨立的精神病學體系。這個觀點很有趣，但在我看來只說對了一半：動物精神病學是行為學的自然產物，因此建立在對每個物種行為範疇的深刻理解，這些範疇又因物種不同而豐富多樣。然而，精神病理學的基本機制在不同物種之間是相通的，只是其重要性會根據該物種的行為譜（éthogramme，即該物種已知的行為集合）而有所不同。

比如之前說過的，高敏感度對身為獵物的物種是既有用又與生俱來的特徵，但假如失去調適敏感度的能力，動物就會感到異常恐懼。

結合了正常行為譜和精神病理過程，就能為每個物種建立不同的動物精神醫學，其中又具有相當數量的共通特徵，使動物精神醫學獸醫有辦法解釋任何一個物種的精神疾病。

比如我在上一章裡討論過的，幾年前針對貓隻疾病曾產生過的命名爭議（生境病理、關係障礙症等等），對於為其他物種（如馬或兔子等動物）的治療也產生了豐富的啟發。儘管這項工作仍在進行中，但我們學生在畢業論文中的初步探索已經為獸醫精神病學疾病分類的統一開闢了一條道路，使其適用於我們關注的所有物種。

到那個時候，我們就可以劃清界線，區分這些與生活困難相關的障礙，以及那些以不同程度的現實脫離為特徵的病症。

但是，這仍然沒解答問題：貓有可能瘋嗎？

令人吃驚的是，對許多哲學家、生物學家和動物行為學家而言，「瘋狂」這一概念似乎是無法接受的，彷彿這應該是人類獨有的現象，只有人類才可能罹患精神疾病：即使是用負面的方式，也要將人類屏除於動物界外。

而我們的立場則相反：我們認為世界上每個物種內的每個個體，都有可能因為牠與現實的連結被改變或喪失，而面臨某種病理狀態。這種狀態稱為「現實脫離」(états de déréalisation)，會發生在許多精神疾病中，也可以稱為「瘋狂」。對我們來說，瘋狂一詞便等同於「與現實失去連結而造成的嚴重狀況」。

所謂「瘋狂」的行為

動物精神科獸醫並不將「瘋狂」一詞實際用在一般人認為的動物瘋症上，因為後者根本無關乎物種喪失與其既有生活環境的連結。海豚、猴子或獅子弒犢的做法與瘋狂無關，雖然這類事件震驚了我們人類。因為我們已經忘記，歷史上幾乎每個文明的君王們都常殺害可能奪權的競爭對手後代。這些物種的弒犢行為，可能也是出於承認對方是自身後代與否，或雌性物種為了保護後代而企圖混淆雄性物種。這些適應性行為有時低調，有時暴力，但是和喪失現實連結並無關係。有些人類認為動物與人不同，沒有建立王朝的策略手段，這個例子能夠大大打破他們的既有觀念。今日，母親弒犢的假設更進一步顯示出動物大腦的複雜性。弒犢行為在我們看來奇怪又難以理解，卻不是人類獨有的；雖說就我所知，沒有哪隻獅子、海豚或猴子會像雅典的伊琳娜（Irène）那樣，為了奪取拜占庭帝國的王位，將兒子君士坦丁六世的眼睛挖出來，任他死於眼傷。

動物的某些行為看似不合理，卻能以另一種邏輯解釋；我們切勿將這類行為與瘋狂混淆，後者是物種與現實脫節而造成的疾病。

動物的實證

一如既往，我要傳喚證人：讓貓自己說說，牠們對現實的感知一經大幅改變，能引致怎樣的重大精神失調。這些貓是瘋狂沒錯，而我的使命（有時也讓我絕望）就是設法治癒牠們。當然，對人類而言，語言的存在進一步強化了這種異樣感。然而，當我們試著將自己投射到家裡愛貓的世界時，也可能會有同樣的痛苦感受——這種痛苦來自於無法理解自身狀態、周遭環境的變化，或無法與習慣的夥伴溝通。

憑藉我的臨床經驗，我相信自己有立場說，貓確實可能「發瘋」，如同狗、鸚鵡，甚至是某些野生動物。在我那本探討依附關係及其可能的異常發展的著作中，[1]曾提過一隻在二〇〇一年聖誕節轟動全球，名叫卡穆妮雅克（Kamuniak）的母獅。她因為保護了一隻小劍羚，而成了感動世界的頭條新聞。剛開始，她的行為深受讚賞（當地人甚至稱她為「受祝福者」），但當她開始陸續偷走其他幼年劍羚時，人們開始擔憂，這份執著漸漸演變成一種瘋狂。[3]

在那本書裡，我也提過提利康（Tilikum）的例子。這頭雄虎鯨在海洋公園表演的四十年間，四起致命意外中有三起是他造成的。一支著名的紀錄片把他作為大型海洋公園不當對待生物的代表例子。[4]在此，我並不是要為這類場所說話，但若以科學的角度來看：假如這種環境是造成問題的唯一原因，那麼照理來說，應該會有更多提利康和意外。

提利康有絕佳的認知能力，負責照顧他的布蘭秋（Dawn Brancheau）如此記錄；而她也是這隻虎鯨的最後一位受害者。她認為提利康的能力遠高出她之前照顧過的虎鯨的平均程度。但有時他會突然「發瘋」，情緒反差很大，危險性毫無限制。意外發生當天，她警告園方提利康的狀況不好。我們認為他罹患的是跟小貓牛軋丁一樣的雙相障礙，但牛軋丁的病況並不極端，仍然與現實保持連結。提利康之前看似經過三次發作，促使他開始殺戮。我並不否認，他的生活環境可能讓問題變得更糟：在我的看診經驗中，精神疾病是源自個體的弱點和不適合的環境，兩者比重各有不同。無論環境如何，某些失調行為永遠會外顯；另外一些則與事發當時的狀態息息相關——不過兩者永遠互有影響。

牛軋丁的雙相障礙，正處於現實脫離狀態邊緣。輕微的病況只會產生過度反應，或是失去反應能力但仍未脫離現實。對我們人類來說，如此的狀況甚至也能算是正常；有些人的情緒相當一致，但許多患者會在短時間內經歷各種情緒變化。當短時間的情緒變化更明顯時，我們會用「循環性情緒障礙」（cyclothymie）來形容這個狀態：富生產力、快樂、有時近似過動的情緒，會與較陰沉、不由自主的悲傷或失樂（比如無法感覺到正面情緒）狀態交替轉換。

當過動和低反應期全都超過正常標準時，以獸醫學角度來說就是雙相憂鬱症，相當於人類的雙相障礙。

假如是猛烈的情況（激動的暴力和讓人吃驚的攻擊行為），我們有時會將這些極端案例歸為嚴重的精神疾病，並伴隨現實脫離狀態。

我堅信，提利康就是這種案例的見證；牠向我們揭示出圈養條件改變的必要性（直到

1 譯注：該著作為《愛的代價》。

再也沒有虎鯨被圈養的那一天），以及人類對待一個天才和瘋狂兼具的個體應有的尊重。

麗絲白：必須吃藥的豹子

安妮在認識男朋友呂克之前就養了漂亮的三花貓麗絲白。呂克搬來和安妮同住時，麗絲白花了好幾個月才接納他。賞巴掌、抓撓、不友善的低吼持續將近一年，次數最後終於變少，人貓開始和諧的共居生活。晚上看電視新聞時，呂克和麗絲白甚至還能在客廳相親相愛一陣子。

某天，麗絲白的嘴巴痛了起來，安妮帶她去看獸醫，獸醫像往常一樣使用皮質類固醇來緩解不適。這類藥物通常能迅速且有效減輕症狀。然而，嘴痛的情況一改善，麗絲白的情緒卻急轉直下，變得很有威脅性。那天晚上，看完電視的呂克想跟安妮一起去臥室，但安妮警告呂克，這可能不太好——此時麗絲白在房門口徘徊，邊嘶吼邊哈氣。由於他們已經同住了好幾年，呂克的男性自尊不允許示弱，於是他舉步踏過門檻。麗絲白猛撲向他，邊抓邊咬，呂克的傷勢嚴重到必須進急診室。要知道，被貓攻擊到進急診室的案例，遠比被狗攻擊的多，儘管媒體的關注程度遠不及狗的攻擊事件。我的某些獸醫同業也經歷過這類緊急救援，據他們的說法，有些害怕的貓主人會打緊急求救電話給消防隊，因為這些「瘋貓」企圖發動攻擊，把他們困在浴室或陽台上，儼然是不折不扣的危險分子。

受藥物影響的情緒

我們知道，皮質類固醇除了能抗發炎之外，對情緒也有明顯作用，並且能透過回饋機制干擾下視丘—垂體—腎上腺軸的正常運作。這種軸向失衡與皮質類固醇的使用之間的關聯，以及可能誘發精神病發作的風險，在人類醫學領域已有許多相關研究與文獻發表。[5]然而，在獸醫精神病學領域，這類研究仍處於起步階段，學術界的支持不足，使得相關研究難以推進。儘管我們必須謹慎避免直接將人類的臨床發現應用於動物，但這並不妨礙我們懷疑類似的機制可能也出現在某些動物身上，尤其是那些突然且劇烈的情緒波動案例中。

在獸醫看診經驗中，麗絲白這類案例就算不是常見，卻也足夠頻繁到值得我們思考：某些影響下視丘—垂體—腎上腺軸平衡狀態的藥物（如之前提到的皮質類固醇，以及某些孕激素類藥物，例如醋酸甲地孕酮〔acétate de mégestrol〕），以及某些中樞止吐劑（如甲氧氯普胺〔métoclopramide〕）雖然罕見，但確實可能引發極端而明顯的行為異常，類似於「短暫性精神病發作」（bouffée délirante）。個體會喪失與現實的連結；而有尖牙和利齒的貓科食肉動物會瞬間變得無法預測，危險性驟然升高。

有間接證據顯示，這類與下視丘－垂體－腎上腺軸有關的短期發作能藉著多巴胺能（dopaminergique）藥物對下視丘發揮抗拮作用，重新建立相當程度的平衡。

雖然患病的貓因為失控所以可能非常危險，但讓牠們吃藥是必要的。出人意料的是，總是會有一個人，多半是關係最親密的人類，不會被發病時的貓攻擊。麗絲白的案例就是如此：安妮始終毫髮無傷。當然，她沒辦法面面俱到，卻能夠在不被抓爛的情況下餵藥。這些案例令人印象深刻，我也十分佩服在這種情況下照顧愛貓的飼主勇氣。本書之前談到卡特琳家的牛軋丁，雖說那些攻擊並不嚴重，卻仍須仰賴全家人的毅力和勇氣。這個案例的診斷結果比較好，因為問題是醫源性的，也就是說徵狀與施用的藥物有關。藥性消失之後，狀況便可望回復正常。提供正確藥物可以減短發作時間，減至一個月或甚至最多十五天。麗絲白就是如此：她被限制在廚房裡，了不起的安妮則負責餵藥。在那十五天間，只要呂克經過廚房玻璃門前，麗絲白就會發出嘶聲，用爪子全力攻擊投射在門上的身影。

不可不知的副作用

要接受這種危險狀況，飼主必須和貓關係密切而且有不棄養愛貓的毅力：獸醫有時會建議將貓隔離數天或數星期，直到牠的情緒恢復正常。在今天，幾乎所有獸醫都知道這種副作用是可能發生的，但是案例往往罕見到他們常忘記告知飼主。再者，就算知道副作用，也無法避免事情真正發生（獸醫們並不確知腦下垂體的尺寸或是類固醇對海馬體的衝擊），不過我們可以立刻回應，告訴飼主：「這個狀況很罕見，但確實有可能發生。請確保自身安全，如果能將貓放進籠子裡，就帶牠來診所，我們會處理！」

這是唯一能保護飼主與動物雙方、特別是貓本身的方法；否則往往唯一解決之道就是安樂死，因為行為完全失常的動物會將共居人類對牠的信任破壞殆盡。

麗絲白有幸和從沒想過放棄她的安妮住在一起，特別是安妮知道，這種針對呂克的兇猛如野豹的狀態只是暫時的。她堅守崗位，照料麗絲白，同時保護男朋友和愛貓。三個星期後，和諧氣氛再度降臨這個家。麗絲白和呂克再度在電視新聞時間相親相愛，雖然呂克會緊張，但是可以理解。至於麗絲白，看起來倒是根本不記得，自己那幾天曾經因為藥物副作用，變成一隻兇猛的豹子。

接下來，獸醫只需要在病歷記錄上寫下貓隻對於某些藥物具有情緒變化和兇猛症狀的反應，以避免之後再開立類似藥物。

由此可知，藥物有可能引致瘋狂，這個案例也提醒我們，並沒有精神健康和生理健康之分，一切都必須緊密聯繫，進而成就單一平衡狀態。有些人會說被誘發的瘋狂並不是「自主」疾病，這樣的說法完全忘了某些治療也會引發病症。沒人會說院內感染的病人得到的病症不是真的病，其致死性和預後可能性是今日整個醫學界的關切主題。卡穆妮雅克或提利康見證了大自然裡的瘋狂，因此我們的家貓必也會見證自發性的「瘋狂」。

我們留意到貓科動物的非社會性結構如何改變行為失調的表現方式。熟悉標記是由經驗得來的，並不是貓科動物的自然傾向，所以往往是最先受到影響的行為。依附關係則不同，並且更深植於天性，所以有時就算貓隻失去與現實的連結，卻仍然會保持依附關係。不過要小心，在有些案例中，就連與貓最親密的人類都有可能陷入危險，我們也不該相信依附關係永遠能保護牠親愛的人類。然而依附還有另一層意義：與貓同住的人類會要求我們用盡一切方法控制貓的失調狀態。假如少了依附，許多貓的性命將因此不保。

諮詢精神科獸醫

當娜塔莉打電話來詢問時，我感覺到她還沒下定決心前來諮詢。她描述的貓具有變換無常的行為和重複發生的皮膚病造成的背部脫毛（掉毛使皮膚變得可見），此外還有其他問題。幾位皮膚科獸醫都看過她的案例，卻因為病例過於複雜而毫無頭緒，進而放棄醫治。最後一位與她談過的獸醫通常會將病例轉介給我，告訴她或許病因是貓的精神狀態失去平衡。

在今天，部分獸醫院會延請幾位能夠執行各種醫學診斷和手術的專科醫生，精神科獸醫也漸漸被納入。這類交流能得到顯著的效果，所有專精於各科的人員都面對共同的目標，將技術與治療結合為一體，並且將個體生活環境納入考量：這是醫學界的「健康一體」概念，提醒我們不要忘記身體內所有器官之間的連結、身體與周遭所有生物及環境的連結。幸好，許多獸醫同業已經深知這些連結，並在動物的生理對治療沒反應時要求我們介入。

所以我和娜塔莉通電話：她不帶敵意，但是抱著懷疑。我必須承認，在經過三十多年的重複解說之後，我有時仍然會忘記對方是頭一次聽見這些理論。「你要做什麼？你要怎麼做？你確定能做些什麼？牠現在已經沒狀況了，你看不到任何異狀的。」這些問題很容易就被解讀成缺乏信心，但是大部分情況下只是反應出飼主的關切之心。因此我必須耐心重複解釋，如同所有醫學，多虧了多年來集結的訊息、歷史案例、行為徵候學（醫學上的符號研究），我們確實有能力做出診斷。

我們也要記得，心臟科醫生不需要與病人一同跑步，皮膚科醫生也不需要身上長滿丘疹或膿皰，才能夠了解患者的痛苦。

從事動物精神病學專業，醫學程序是我們的準則，由於我們的諮詢內容對某些人來說仍是個謎團，讓我再複述一次這個領域的主題和結構。

首先是收集成因，通常是聆聽與貓同住的人類抱怨：「牠很不愛乾淨……牠攻擊我們……」這些說法能指出方向，但永遠不會是立即的答案。無論證據多麼明顯，我們都必須進一步確認。

諮詢原因與要求

原因是一個元素，另一個元素則是要求。這是動物心理學獸醫與其他醫學領域最大的不同，雖說與必須處理慢性病的專業有些類似，兩者都要求大量的付出（時間與金錢）以及不確定的預後（皮膚狀況、癌症、飲食等等）。

同樣的原因，可能隱藏著極為不同的要求：比如某隻貓不愛乾淨，常常弄髒屋子、並留下氣味明顯的尿液痕跡。

最顯而易見的要求是：必須停止這種行為！但並非每次都是如此；有時候這些情況已經延續很久，氣餒的飼主只是想確定貓並沒有不快樂（其實，牠就是不快樂！）。

或者，有時更麻煩但更要緊的是飼主想迅速知道原因，因為他們可能不想再養這隻不乖的貓，牠與人類幻想的理想寵物相距太遠，或對社交及家庭生活干擾過大。

有時候，人類飼主提出的準確要求能讓我們評斷病患能得到的資源：他們還能花更多精力在新的解決方法上嗎？他們是否難過、疲憊、絕望，或抱持希望準備好再試一次？

在我教授動物精神醫學專業的漫長生涯中，常常發現想判斷飼主願意給多少時間是很困難的：時間不夠長，客戶會覺得沒人傾聽自己的心聲，並且無法了解治療過程；時間太長，客戶會太快在過多細節裡迷失重點，還需要經過提醒才能留意其重要性，之後重新討論該主題時，又會忘了曾經提過的細節。

見樹又見林的完整寫照

在訪談階段花了足夠的時間，接下來是格外重要的行為符號收集階段。獸醫在此的角色等同於翻譯者：必須轉化徵狀，將所有飼主提供的觀察細節（無論多麼天真或費解）轉譯為所有獸醫都能了解的徵狀；如果有可能，將徵狀與某個特定神經傳導物質做相關連結。這種作法能幫助我們選擇正確藥物、確實的診斷，或進行適切的行為治療。我們的諮詢過程很長，但並不是在閒聊。將符號以媲美煉金術士的手法轉化為徵狀，能讓獸醫和照料者建立一幅完整的病況寫照。我們扮演的是建構者的角色，相當於心理學家瓦茲拉威克（Paul Watzlawick）的概念：「建構主義心理治療並不幻想能讓患者看到『真實的世界』。反之，建構主義完全意識到，新的世界觀本質上只能是另一種建構與虛構，卻是一種較有用也較不痛苦的視角。」[6]精神醫學獸醫根據收集到的徵狀，為人類客戶和（某種程度上的）貓病患建立另一套現實環境。因此，兩位臨床醫師可能會構築出不同的理解方式，雖說可能的變化有其極限。

獸醫探討所有動物病患的行為，但是不會只著眼於問題行為。對於非問題行為的理解能幫助我們從神經傳導物質角度進一步了解動物的運作機制，方能做出正確診斷。然後我們會評估所有向心行為：動物與其身體之間的關係——吃、喝、睡眠、排泄、外觀行為（梳理等等）；以及離心行為，也就是與其他個體的關係、遊戲、競爭行為，攻擊和躲避行為，特別是探索行為。最後，我們會檢視混合行為，包括動物的身體及其與世界和其他個體的關係，貓的這一類行為非常多：標記、聯繫、動物病患未結紮情況下的性行為和母性行為。

檢視完所有條件之後，還不能忘記貓的成長環境和所有可得的病史，後者可能紀錄了問題行為的開端。此外還有身體檢查；有時看來雖非必須，但也能透露有用的訊息。

基於以上種種，這就是為何貓的心理諮詢（對狗來說也一樣，甚至更繁多）不是十分鐘之內就能做完的！

獸醫想知道何種醫療手法最適切而且有效，就必須密切了解小鬍子、芙蘿拉或別西普的生活，著手角度必須是眼前的貓病患，而不是對貓物種的概化式理解。只要記得獵物／掠食者結合於一體的豐富個性，你就能了解治療雖然依循大原則，卻終究必須以個體為導向。

行為療法

確立診斷結果之後，心理學獸醫會將結果告知客戶，並且確定客戶支持獸醫的治療方式。假如雙方沒有共同的目標，成功機率將會降低。獸醫務必花時間解釋，有時甚至必須借助模擬或圖像幫助客戶接受建議；比如身為人類的飼主，也許在剛開始無法接受貓吃藥的概念。

診斷和治療方法獲得共識之後，獸醫便會開立和寫下所有治療細節（多少顆藥錠或滴劑、一天幾次、給藥方式），最重要的是解釋行為治療內容。如我之前解釋過的，對貓來說，行為治療幾乎總是始於停止體罰（就算你從沒想過打你的貓，也別對這句話嗤之以鼻）。假如你能參與我所有的諮詢，肯定會驚訝於有多少飼主曾經處罰或打他們的貓、將貓臉壓到牠們的排泄物上或大聲喝斥等等。我常常以一位有相當年紀並且事業有成的女士為例，她承認自己用厚重的電話簿打她的貓：「我在一本偵探小說裡看過，說這樣不會傷到貓，但又能嚇到牠，讓牠牢牢記住……」我只能說，最受到驚嚇的是我。那隻貓肯定也懷恨在心……

飼主願意將這些任務交給我們，是因為他們知道我們並不會評判，而是要幫助他們

（當然，這不表示我們同意飼主的所有做法，尤其是電話簿！）。飼主提供我們許多有價值又精確的訊息作為治療線索，而我們往往出於同理心感謝他們提供的細節，因為這代表飼主們信任我們。

診斷結果確認了，也開立治療方式，對與動物病患同住的人來說最重要的是預後。這個病可以治療嗎？需要多久？得花多少錢？成功機率是多少？隨著治療進度，這些都是我們能夠回答的合理問題。

必要的後續追蹤

最後還必須設定追蹤架構。獸醫和飼主都不是魔術師，因此根據診斷結果，獸醫必須在行為治療的路上伴著飼主，無論需要多久時間。之前在小甜甜的案例中已經提過了，但是在今日，遠距看診成為獸醫專業的額外工具，用於追蹤過程更是方便。有些人會說遠距醫療效果不如實際看診，但是在我的經驗中，它雖然與傳統方式不同，卻能作為輔助醫療工具。

當然，從遠距不可能正確地檢查身體，但是隨著時間和醫療技術的演進，這個結果是可預期的。我已經能夠和有興趣的客戶藉著遠距工具，在家測試貓的姿勢反射，進而讓我排除某些神經問題。除此之外，由於獸醫是主要的外來者，這樣做能在沒有干擾的情況下觀察位於熟悉環境中的貓，牠也不用被帶進陌生環境裡，感覺不自在，這是遠距醫療的另一個好處。追蹤治療讓我們得以評估患者恢復狀況，首先是從宏觀角度，然後是在頭一次諮詢時檢查所有元素，並且記得觀察是否還有其他不對勁的地方；這麼做能幫助我們調整行為治療內容。觀察家庭環境的規畫能讓我們看見初始諮詢時漏失的細節，並進一步修改生活環境。關於任何可能或不尋常副作用的描述，則告訴我們如何藉著改變藥物劑量或比例，調整治療方式；不過更常見的是不做任何改變，但是當面向飼主解釋，讓他們能夠安心。

治療期的長度

治癒行為問題或改善病理狀態通常需要數個月，或至少數星期。無論頭一次諮詢效果如何，光靠諮詢是絕對不夠的，想要真正治癒就得依賴追蹤治療：看見病患終於恢復的那一刻，能感受到強烈的欣喜，因為目標終於達成了。這就是之前談過的「原因和要求」

的差別。追蹤治療時有個常見的陷阱：有時候飼主的原始抱怨被解決之後，就會想看到更多改變，而提出對貓隻行為的其他要求。在這個重要的時刻，獸醫就會和飼主確認初始要求已經達成，接下來雙方應該共同決定是否訂立一個新目標。

我應該在每次接到新客戶時解釋上面這些原則，但是我往往沒時間講；因此希望藉著這些篇幅，幫助各位了解我們的治療步驟，消弭飼主心中的懷疑，相信這種新的醫學知識能幫助患了行為病症的動物。

但是再講回娜塔莉——她仍然在電話另一頭，不確定是否該接受新諮詢。談了幾分鐘之後，她知道我已經準備好傾聽她的話，於是我們訂了諮詢時間。

讓人抓狂的梅莉

娜塔莉告訴我的第一件事是：「每當我提起這些遭遇，對方都會覺得我瘋了。」我安撫她：「這種說法我常常聽到，不過是可以理解的：獸醫學校裡不教動物心理學，所以絕大多數的獸醫都沒受過這方面的訓練。他們對於從來沒學過的徵狀非常吃驚，因為對他們來說，這些行為不符合任何他們學過的知識。跟我談談吧，請先介紹一下這位貓小姐。」

娜塔莉將一個貓籠放在診間桌面。我湊近看，是一隻漂亮的阿比西尼亞貓。這種貓的起源仍是個謎：牠是否正如其名來自伊索比亞，跟傳說中從阿迪斯阿貝巴（Addis Ababa）帶回的第一隻阿比西尼亞貓祖菈一樣？還是牠來自亞洲？或是因為野兔般的皮毛和亞洲貓的身形，而被人類選中繁衍的品種？

我在本書和獸醫生涯中不斷重複，品種無法預測行為，但我仍然對於基因能帶來的結果保持開放心態。雖說品種並非適合的參考標準，某些血脈（家族）仍然具有類似的行為跡象，有時甚至包括相同的精神病症，代表問題出自同一基因源，或在成長過程中遇到同樣肇因。

家族相似性

梅莉隸屬的阿比西尼亞種中，有數條血脈受到精神失常影響，明顯徵狀是現實脫離狀態。

所以，我對娜塔莉的話並不覺得驚奇。

「其實，我不只有一隻貓，而是兩隻：一隻是人見人愛的梅莉；另一隻是讓每個人害怕、甚至害我們受傷的梅莉。」

我靠近貓籠門，用輕柔的聲音和她說話，觀察她的第一個反應。她靠過來，透過紗門嗅聞我的味道，看起來頗為平靜。我打開門伸出手掌，一動也不動。但是她並不害怕也不向後縮；當籠門完全打開之後，她走出來，伸展身子倒在桌上。我摸摸她，她磨蹭著我的手，帶著詢問的神態，尾巴高高直立起來，只有尾端稍微捲起，彷彿完美的問號。貓會用這種方式問：「這是做什麼呢？」

「你看，我就說你不會看到任何動靜的。」娜塔莉高呼，我了解她的沮喪。

「別擔心，我不會懷疑你的話。而且我已經看見她背部毛比較短的地方，代表毛沒有正常長回來。」

「跟之前比，這還不算什麼。我帶她去看皮膚科醫生的時候，背上只有一道毛。」

「我相信。我能看見之前沒毛的地方，想必是梅莉自己舔掉的。」

「那可不！他們有好多說法：跳蚤！你能想像我家有跳蚤嗎……」

「這種皮膚病最常見的病因就是跳蚤，況且就算住在公寓裡，貓也有可能有跳蚤……」

「但不是跳蚤，也不是食物過敏或其他他們有過的原因。其他獸醫最吃驚的是跟季節性無關的大爆發……」

「太好了！那我們現在就來探討她所有的行為，而且針對每一種行為，都請你提供我兩個版本：一個是正常的梅莉，另一個是變成魔鬼的梅莉……」

於是我們開始調查梅莉的行為符號，我提醒娜塔莉，必須確實記錄這隻貓所有的行為——或者應該說「這兩隻貓」。

我們毫不意外地發現，梅莉的所有主要功能都受到問題行為影響。

最先也最重要的是食物！梅莉大部分時間的食慾都正常，但是徵狀發作時的食量要不大得出奇，要不就是幾乎不進食，而且看起來討厭吃東西。她會嚼幾顆乾糧之後立刻跑開，彷彿身體裡有電流通過，或是感覺到某種潛藏的危險。

飲水行為稍微受到影響，排泄行為則出現改變。根據娜塔莉的說法，正常時的梅莉既細心又一絲不苟，會把所有糞便掩埋乾淨。發作時，她自己身上還算乾淨，卻不掩埋排泄物，而且排泄後會因為急著跳出砂盆而將糞便一起帶出來。

「但是公寓裡跟從前沒什麼不一樣，我只是覺得她好像老是有惡魔附體。」

「梅莉肯定覺得很痛苦，因為『惡魔』在她身上，她又沒辦法逃走……」

用客戶的語言，能讓他們更加理解動物的病症；他們聽見自己的用詞也能更進入情況。

我並沒停留在外觀行為上（梳理、舔舐自己等等）。之前已經討論過了，之後會再談，但我不希望所有諮詢時間花在單一主題上。

深夜的旅行

我好奇的是梅莉的睡眠行為：品質、選擇睡覺的地點，以及是否接納同睡的夥伴。

「這個嘛，就得問舒舒了，牠能講得比較清楚。」娜塔莉微笑著回答我。

「舒舒是誰？」

「是我另外一隻六歲的公歐洲貓，已經結紮了。一切都正常的時候，梅莉會睡在舒舒的懷裡。」

「是嗎？你確定？」

「當然，我一直和牠們住在一起……」

「是，那當然，抱歉。」

我的訝異來自於這種情況非常罕見，甚至可說根本不存在。原則上，唯有手足或有關係的貓才會共用一個獨處區塊。不過這並不是貓頭一次忽視原則，因為普遍的規則仍然有例外……娜塔莉繼續講：

「這是我現在最好的指標！一切都沒事的時候，我會看見牠們兩個在一起睡覺或休息；梅莉會讓舒舒舔牠，然後……突然，我什麼都還沒看到，舒舒就會竄到高的地方躲起來，我也曉得梅莉又要發作了。」

如此，我便能印證梅莉的睡眠減少了，而原本在正常時期就很少的做夢時段，至此也完全消失。

睡覺是貓隻行為符號的重要元素，但是常常遭到忽視。

獨處區塊的位置和品質值得研究，但是除此之外，行為的結構性特徵也能告訴我們患者的情緒狀態。過動貓睡得很少，夢得也很少甚至不做夢；焦慮的貓會醒來到處走動；憂鬱的貓會驚醒，進入快速動眼期，並且在睡覺之前感覺焦慮；正常的貓睡得很多，而且非常會做夢。著名神經科學家朱維特（Michel Jouvet）與其研究團隊提出了「矛盾睡眠期」（即快速動眼期）一詞，並且發現它的根本機制。實在是法國的驕傲！

夢的科學

在我們的心理學獸醫證書課程中，曾經有幸邀請到瑟斯普格里歐（Raymond Cespuglio）。他是朱維特團隊的一員，參與研究這個做夢階段的定義，他的蒞臨對我們和學生們都是值得紀念的時刻。

當初那些實驗在今日已無法被批准，但是結果顯示做夢階段中的腦部活動可與清醒時相比，但是肌肉張力受到腦部一個叫藍斑核的微小部分影響，幾乎完全消失。研究員移除這個區域之後，就能夠觀察貓做夢時的行為。他們驚訝地發現，即使是最溫和的動物，最常見的行為模式也仍是攻擊，接著是舔舐和窺伺[8]。研究員也發現這些貓的夢境中並沒有性行為，雖然研究文章中並未說明牠們是否已經結紮或正處於發情期，否則應該可以解釋為何動物在夜晚沒有性活動。人類的春夢頻率與性行為有關，後者是持續存在的，與大部分其他動物不同。

我在此借用西呂尼克對貓的描述：「做夢的冠軍和金牌得主。」他還引用兩個數據：貓每晚睡覺時的快速動眼期是兩百分鐘，人類則是一百分鐘。你可以和我一樣印證這些數據，確實沒錯。做夢能幫助嬰兒和幼兒的腦部成熟，但是也能協助成人的情緒平衡和學習能力。許多人以為夢境會干擾睡眠，事實卻相反：睡眠就是為了做夢。那麼為何做夢對貓如此重要？

我的假設是，這一點再度符合牠們身為掠食者和獵物的雙重天性。貓的一生都被這兩種活動分割開來，它們同樣重要，特性卻不同。以朱維特團隊描述的活動為例，窺伺和狩獵活動符合掠食者天性，而防衛式侵略和攻擊則符合必須保護自己的獵物天性。此外還有第三個整理外觀活動，是貓對身體的中心活動。有時貓看似過於投入地梳理身體，除了顯示自我維護的重要性之外，無疑也反映了某些夢中情景；貓藉著將重心放在自己身上來平復心情。

我要在已經夠複雜的貓隻腦部功能檔案裡再加上一個元素。牠們會做夢，而且做很多夢，所以停止做夢對貓來說是重要的行為符號。我們要記得，貓在做夢時的運動抑制比狗來得強（我看過睡著的狗在夢裡邊搖尾巴邊作表情，表示牠們在夢裡碰見另一隻狗），這一點無疑與牠們的獵物天性有關。貓的做夢線索比較低調。幸好，飼主多半很喜歡觀察他們的貓，精確描述了震動的鬍子、晃動的腳趾、耳朵立起彷彿正在聆聽，以及眼球在閉起的眼皮下移動。正是最後這點，賦予了矛盾睡眠期一個「快速動眼期」的名稱（科學文獻中通常都用此稱呼），其餘睡眠時間則是「非快速動眼期」。

當一切都在走下坡

我們再回來談這隻複雜的貓。娜塔莉先描述天使版本的梅莉：睡在舒舒的雙掌之間，和舒舒共享獨處區塊，呈現許多做夢階段。另一方面，惡魔版本的梅莉睡得少多了，永遠不會進入矛盾睡眠期，而且看起來非常緊張和不耐煩，顯示她的情緒和認知能力有深度的改變。在發作時期，她的探索行為也有很大的改變：她會在公寓裡走來走去，就連最小的聲音也能嚇到她，而且以充滿威脅的方式「哈氣」，就像其他害怕的貓會有的行為。娜塔莉也指出，梅莉發作的時候會對玩遊戲興趣缺缺。在其他時候，她可以花很多時間追逐紙球或鋁箔球，或等待她最喜歡的人類和牠玩耳機接線，這種歡迎儀式能夠持續好幾分鐘；然而發作時的梅莉對任何玩耍的邀請都沒反應，甚至會以暴力相對。

當她發作時，沒人躲得過她的激烈反應，包括不耐煩的掌擊到倒U字形的姿勢，豎起的毛和貼平的耳朵。此時她共居環境裡的所有人或動物都處於危險之中；她是處於劣勢的獵物，準備好不惜一切防衛自己，就連她最好的朋友也成了敵人。

我可以想見梅莉的痛苦。在我的同理心專業中，以失去正常功能的大腦理解環境變化，感覺有點像卡通影片裡的白雪公主奔跑著穿越森林時，在她的想像裡所有樹枝都像是要傷害她。兒童們看見這一幕的害怕，想必非常接近梅莉的體驗。面對極度恐懼的三個經典回應是「**逃**、**戰**、**僵直**」，也就是之前提過的三F規則。在梅莉的情況，雖然極度恐懼來自牠心裡，程度卻不亞於來自外界，而牠的反應是逃和打。這並不代表牠是「壞貓」，而是生病了。舒舒對這些狀況的反應非常有代表性；牠不生梅莉的氣，因為牠認識梅莉，不當牠是一隻陌生而且暴力的貓。但是，牠仍然知道要躲往安全地點，而且不理解為何好朋友的行為突然有了一百八十度的轉變。

我總是會將另一隻動物的反應作為行為符號記下來，因為我尊重牠們的情商。舒舒像是在跟我說：「你知道嗎，梅莉有時候真的非常奇怪……」我完全同意！

最後，我們再回來看促使娜塔莉前來尋求諮詢的問題行為，也就是病患的梳理行為。事實上，在收集了所有其他徵狀之後，過度舔舐問題看起來已經跟之前不同了。我和娜塔莉重新討論這個問題，她做了個總結：「其實，當梅莉的情況不好的時候，不管做什麼事都會非常過火：害怕、攻擊性、警覺性都特別過度，沒有任何反應是正常的。」

似曾相識的疾病

假如行為符號訪談進行得很順利，客戶多半會和我們得到同樣的結論。接下來只剩下釐清診斷結果了。在今日，要區分兩種發生在肉食性寵物（也發生於人類）身上的嚴重心理失調病症並不容易：雙相障礙和解離症。之前已經討論過患有雙相障礙的牛軋丁，雖然牠的反應過度激烈，卻仍然與現實連結；解離症則使動物陷入另一個世界，我們既無法進入，那個世界與現實也少有交集。梅莉的猛烈變化、似乎認不得任何人、其他人也認不得牠、以及牠對慣常環境的陌生反應，在在顯示出解離症的徵狀。這等同於人類的精神病，會發生在狗與貓身上。

我必須解釋清楚，這並不是說兩者有同樣的衝動性妄想：貓的世界，亦即牠的**環世界**（Umwelt，對世界的感知和牠在這個世界裡的身分），指的是環境裡對那隻貓來說正常的一切事物；與人類視為正常的事物不同。因此，貓與人類有不同解離症徵狀是合理的。「貓的夢裡充滿老鼠」，法國數學家托姆（René Thom）如此寫道；這句話正呼應了維根斯坦對獅子的描述。他們兩者是用不同文字談論同一件事：每個物種的世界是無法互相比較的，而且每個個體都有自己的獨特之處。隨著科技進步，我們是否有一天能將這種與現實失去連結的徵狀化為影像？梅莉脫離了與我們共有的感覺，進入牠自己的世界之後，究竟看見什麼？牠是否看見五顏六色的老鼠或巨犬闖進牠的世界，驚恐程度連飼主都無法想像？究竟是何種無法承受的生理感覺令牠強迫性地舔舐自己，直到把毛全都舔光，如同那位神智不清時扯掉頭髮的年輕女子？[10]

相信我：雖然人類的精神病和貓的解離症不能混為一談，兩者仍然很相似，屬於同一個家族，根植於不受管控的腦部生理疾病。遺傳脆弱性、極早期發展的影響或平衡腸道微生物相的食物的影響，都與早期發現及預防精神病有關，也是醫生們感興趣的研究課題；很快地，這些內容也會成為心理獸醫的日常任務之一。

現階段，我們得先辨認出這些失調行為，並了解在自己世界裡的寵物的確會變得瘋狂。

瘋狂？我有聽錯嗎？

當我在有十幾位獸醫列席的研討會上直接詢問動物瘋狂的問題時，最常見到的反應是懷疑，或者至少是禮貌式的漠不關心。然後我會開始描述徵狀，喚起聽者的記憶，他們會想起曾在看診時遇到的病例，最後結果通常是被說服。之後，他們常常成為不可或缺的轉介者，將患病動物介紹給我時還加上注解：「親愛的前輩，這個案例是羅密歐，我想牠有兩個徵狀符合你曾經講過的嚴重失調案例。」沒錯，事實明擺在眼前，端賴我們是否願意承認。

我並不懷疑這些病症的治療方式會在接下來幾年之中改進，但是目前尚待臨門一腳：獸醫學校必須打開門歡迎實際的動物心理學課程，而不是像今日的作法，將行為學排除在外；好比醫學院不討論精神病症，只自我限制於社會學。後者是值得研究的科學主題，但不是醫生的第一考量。獸醫治療的是非人類病患，我們的布哲拉宣言與希波克拉底宣言都在於減輕病患痛苦。[2]當既有知識不容許獸醫為精神失調病患做出正確診斷和治療時，並不是獸醫的錯；不過未來的獸醫卻可望有能力。如今，動物的意識是科學研究的重點，牠們的福祉也成為人類社會的主要任務，我們又怎麼能對這類的動物痛苦視而不見？

2 編注：布哲拉（Claude Bourgelat），法國人，於一七六一年創立世界上第一所獸醫院；希波克拉底（Hippocrates）是古希臘醫師，今人常尊稱為「醫學之父」。

越了解，照顧越周全

我將診斷結果告訴娜塔莉，她顯得既擔憂又鬆了口氣……她之所以鬆了口氣，是因為我非但不認為她瘋了，還提出觀察證據證明她的說法。擔憂則是因為診斷結果頗為嚴重，我也沒辦法跟她保證：當然，我會設計一套治療程序，但是沒有十足的把握，因為我無法全面預測結果，也缺乏所有工具。我之所以知道梅莉的未來比較光明了，並不是因為我知道如何治癒她，而是因為娜塔莉知道敵人是誰，能夠開始做較妥善的對策，而不是瞎子摸象。在缺乏醫療技術的古埃及，醫生們習慣說：「我知道這種病，也曉得名字。」治療過程便始於這句話。

治療手續很繁重，而且梅莉拒絕吃藥。雖然牠的危機得到緩解，但是日常生活中的危機仍然多於好處。娜塔莉在試了幾星期之後便放棄了，我相信她和舒舒經過討論之後，舒舒同意在危機發生之前警告她。娜塔莉會將發作時的梅莉關在無光、無聲、沒有任何刺激的安靜房間裡保護其他人，這個做法與我的行為治療相符合。

我偶爾會聽說梅莉的消息。幾年之後，她死於腎臟衰竭；死因就跟其他許多沒有解離症的貓一樣。

梅莉的案例是許久之前的事了，幸好這種案例對貓來說很罕見，卻也不是例外。許多貓並未被診斷出來，而遊走於皮膚科和神經科獸醫之間，有時只能安樂死。在過去幾年，我曾經見過幾隻貓在經過嚴重的自殘行為之後，必須接受尾巴截除手術。雖然剛開始只是截去尾端三分之一長度，但是沒有任何項圈或手法能夠消弭牠的「瘋症」，接下來只好截除更多部分，甚至直到第一節尾椎。到這個時候，飼主眼見動物明顯地受苦，又苦無治療對策，便常常出於同情心做下安樂死決定。我十分了解這些獸醫同業的心情，他們沒受過任何貓科心理學的訓練，面對如此的心理和生理折磨時，肯定是十分無助的。

用於新概念的新工具

即使今天意識問題已經得到澄清，痛楚的問題仍然懸而未決。一個世紀之前對痛楚的爭議與現在一樣，有些人說動物和人有同樣的痛楚傳遞路徑，同樣的痛楚分子，但是必須用別的字眼描述牠們的感覺，不能和人類的混為一談。這類胡言亂語如今已經被摒棄了，最好的做法是知道如何控制日常生活中的痛楚，針對各種痛楚條件，從適切介入到老年時期的維護不一而足。

「但是痛楚不是都很類似嗎？」我還是年輕獸醫時曾經如此問過。

「別說得太篤定，年輕人！感覺痛楚，首先要對狀況有知覺，而且從某個角度來看那是另一個生命體，痛楚狀況與人類不同。」

我但願自己能對這樣的回答一笑置之，但它有時確實令人洩氣。三十年之後，我仍然會碰見這樣的玻璃天花板，雖然隨著世代演進而慢慢移動，但是始終將人類和其他動物嚴密區隔開來。

今天全世界都在討論動物的福祉，貓也成為代表性動物，但是講到牠們有感覺痛楚和瘋狂的權利，卻少有人願意跨越這道藩籬。

幸好，有越來越多先遣之士們年復一年地發掘這些明顯但被忽略的事實。我就是因此結識了亞克莫（Oliver Jacqmot），並年年邀請他到我們的證書班授課。亞克莫是布魯塞爾大學的解剖助理，具備罕有的神經纖維束造影技術。[11]這項技術很複雜，簡單說來就是一束大腦顯影，能讓我們將內部迴路視覺化。用於人類，這些鮮明壯觀的影像能顯示出腦部不同區塊之間的關係，換句話說就是將無意識視覺化；引起許多關於佛洛伊德無意識和認知無意識、以及它們是否相同的辯論。[12]

我讀過亞克莫的反思和研究之後有兩個想法：第一個是一般的想法，也就是動物是否有意識；將這個議題用於貓的時候，卻打開了一大堆可能性。第二個則是針對特定研究目標，將貓的神經纖維束造影發現做成報告。

重回意識

首先，動物是否有意識或認知的議題，使科學家、哲學家和宗教思想家甚為困擾。我通常說「其他動物」，但是這個說法使那些強調動物無意識的人難以接受。因此：上述這些人認為動物（此處的意思是相對於人類）對自身和牠們的歷史或環境並沒有意識。牠們是靠直覺驅動的物體，有固定行為模式，如同笛卡兒主義者認為的，是沒有情緒或不會受情緒影響的機器。所以很明顯地，沒有了意識，這些動物只不過是無意識的玩具，想法並非根據知識的運作彙整而成。我對人類的精神科醫生們談動物精神科學時所遇到的阻力最大；尖酸的評語或銳利的問題通常來自最著重精神分析的醫生。我當然不能一竿子打翻一船精神分析師，譬如歐斯特曼（Gérard Osteman）便以無比的善意和好奇心歡迎我，我們的討論也令人感到非常振奮。但是對精神分析師而言，這些可憐的「動物」既沒有意識權利，也沒有無意識權利，後者唯有透過精神分析的談話療法才能揭露。這些說法使得我們雖與這些「動物」一同生活，卻不觀察甚至看見牠們的情緒、想法、期待、策略性思考、獨特性、以及牠們所受的苦；這些證據都足以告訴我們，每個個體都有自己的精神生活。

一如許多案例，這種說法在一開始被認為是粗鄙的，天真又無用，而且就算是用最科學的方法也難以印證。

想在本書裡探討意識的證據，將會離題太遠；但是我們可以用下面六個元素檢視，問你自己咪努、史代克斯或芙蘿拉是否具有如此的意識。

1. 首先是記憶：我們已經看過，負面經驗能在自我意識提高的過程中演變成無比的恐懼；這個元素對獵物來說永遠很重要，而貓終其一生都處於獵物的精神狀態中。我之前曾描繪過一幅景象：貓將所有令牠們不悅的事物寫在紅色筆記本裡；就是牠們有意識和無意識記憶的比喻。

2. 知覺：是察知和感覺環境以及擁有主觀經驗的能力。只要有兩隻或更多貓、或者將同一隻貓

意識的六個元素

1. 記憶
2. 知覺
3. 語言
4. 後設認知
5. 心智理論
6. 自我意識

自我比較，就能知道牠們的感覺是經過過濾的，使牠們獲得主觀並且個體化的概念。簡單說來就是，黑先生和白先生生活在同樣條件下，卻有不同經驗。在今日，我們認為動物界裡許多物種都有知覺，甚至有些植物界的物種也不例外。但是我不喜歡這個詞：我知道對許多人來說，這個詞比動物最基本的意識還進了一步，但是我認為它加深了原本應該消弭的鴻溝：人類有意識，動物有知覺。我認為讓兩者都有意識更具意義，即使是截然不同。每個在自己的環世界（對世界的感知與其自身在這個世界裡的身分）裡的物種都不一樣；每一個個體在自己的物種裡都是獨一無二的，即使兩個個體因為在演化樹上的距離較相近，所以共通領域較大。與貓的世界相較，我發現自己比較容易想像黑猩猩或狗的世界。就物種來說，貓的行為特徵與人類相距較遠，這也是此書的一大部分目的。那麼魚類呢？有些科學家已經有了這些物種的痛楚證據，讓我們看見最低程度的意識[13]。

3. 語言：許多動物雖然沒有精細的語言，卻有原始語組成的複雜溝通模式。貓有不下二十一種聲音被記錄、研究和分類，而且在兩篇近期文章中討論過[14]；除此之外更有許多貓隻行為的傳統基礎研究。貓的人類夥伴通常能了解牠們的不同聲音代表的意義，從威脅到要求與人類接觸。字典對語言的第一個定義是人類的溝通工具，但是第二條定義就是「任何用於溝通的信號」。貓的溝通同時利用製造聲音和費洛蒙，後者無疑是一種微妙的語言。

4. 後設認知：這是動物曉得自己知道或不知道某事物的能力。科學家曾以狗為研究主題，特別是匈牙利行為學家米克羅西（Ádám Miklósi）團隊的研究；此外也有老鼠。但是至今尚未有任何提到貓的研究，不過只要觀察貓在往下跳時會先評估高度，就能知道牠們曉得自己做得到或做不到。

5. 心智理論：這個元素裡其實並沒有理論可言，而是一種針對另一個個體（無論是否為同物種）無法觀察的精神狀態，比如意向或欲望。我們常常能在大自然野生動物的身上看見這種意向，也就是獵物／掠食者的關係；而且沒有我們原先預想的那麼典型。獵物和掠食者會在相隔數公尺的位置同時喝水，因為喝水時間不是狩獵時間，所以此時的非狩獵意向很明顯。精神病症往往會改變或破壞這種能力，比如梅莉的例子，解離狀態扭曲了牠的意向認知，而將整個環境視為充滿敵意的。

6. 自我意識：美國心理學家加洛普（Gordon Gallup）受到瑞士心理學家皮亞傑（Jean

Piaget）對孩童發展的研究啟發，執行了幾項基礎研究[15]：許多動物物種經過著名的鏡像測試，並將之作為自我意識的絕對證據——但是這個結論稍嫌倉促。

在今天，科學家們普遍同意這個測試較接近自我辨認。將這個測試用於仰賴視覺的物種時，當初的結論便容易理解；但是對於以嗅覺為主的物種來說卻沒有太大意義。如果你有貓，就會看見牠時時刻刻留意自己的外表、打理自己，而當你觀察牠的整體行為時，無疑地能理解牠對於自己在周遭環境裡的身分有清楚的概念。

問你自己這六個問題，假如結論是你認為自己的貓不具有人類的意識元素，那麼我真的會大吃一驚。當然，我指的不是完全相同的人類意識，因為那更細密、更具象徵性、對時間的認知更進階，但是貓確實能察知自己的生命、整體性和外在環境的限制。

奇妙的貓腦分叉迴路

亞克莫是將神經纖維束造影技術（請見〈用於新概念的新工具〉）用於家貓的先驅。首批試驗很複雜，對象是狗或貓；但是技術一點一點地進步，第一批結果慢慢成形。該技術最早應用於貓的數量不多，只有六隻。牠們全都呈現同樣的特殊現象：讓左右兩個腦半球互相溝通的胼胝體似乎被分成前後兩半。我們遠遠無法了解這個奇怪的解剖特徵，也不知道是否存在於所有貓隻。

假使所有的貓確實都有這個特徵，我會將之視為牠們雙重天性的證據，需要兩個迴路同時進行平行操作：一個負責執行獵物身分，另一個負責表現掠食者的效益。如此特別的腦，我們無疑得花很多時間才能劃分區塊、解碼、了解。至於在現階段，它吸引了我們的注意力並且值得我們認可；它既多元又複雜，因此容易出現我們現在才剛開始了解的失常現象。也許我們應該訂立出不同的精神病學，分別適用於兩個迴路中任何一個的問題上？解離症只牽涉一個或兩個「腦」？這個可能的雙重性已經在海豚身上發現，牠們的兩個大腦半球會輪流入睡，所以始終有一邊是清醒的，當牠有必要浮上水面時可以用最小幅度的動作呼吸。我之前提過虎鯨提利康，牠的物種也有兩個相當獨立的腦半球。牠的失調與一個還是兩個半球有關係呢？這個問題打開了新的研究領域，如同亞克莫博士以貓為對象執行的纖維束造影研究。

現在，我們至少能根據觀察找出解離症狀的病因。雖然有太多時間花在對抗懷疑，有時既天真又簡化的盧梭主義使得人們不願考慮動物患精神病的可能性，而將責任歸咎於人類。

是時候在知識之路上往前邁進了：我們欠貓這些情，牠們是我們主要的生活伴侶，所以我們必須提供應得的照料，必須提升知識水準，建立可信的證據和參考門檻，忘掉我們對人類和其他物種的既有概念，讓醫學發揮功能。精神科獸醫們每天都在進行這些任務，但需要每個人的參與：如亞克莫的先驅、法國獸醫學校的支持、甚至和精神藥物製造商合作，與我們一同建立理論語料庫，讓我們走得更遠。這條接力路跑的目的地是動物福祉，知識是我們在路上前進的工具。目前離抵達還有一段距離，幸好，有越來越多的人願意接棒。

為了向你證明解離症的實際狀況，我要傳喚證人漢尼拔，一隻具有悲劇命運的貓。

漢尼拔：一則悲劇

這隻漂亮家貓有灰白的毛，綠色眼睛；他原本不可能來找我諮詢的，這至今仍然令我吃驚。

為了製作一個節目，我們當時在尋找幾隻背景有意思的貓，想呈現牠們罕見的衝動特質。透過獸醫診所的同事介紹，我認識了漢尼拔。他被轉介過來的原因並不特別：飼主的朋友先踩到他的尾巴，他便咬了對方小腿一口。我已經準備好諮詢報告的內容了，因為正常貓隻的反應對一般大眾來說不是秘密：貓會因為沮喪、飢餓、疼痛而感到不耐煩，進而發動攻勢。在小貓發展過程中，缺乏層級制、敏感度升高、對外表的過度在意和甚至關係脆弱與否都是重點。我在當天節目裡的任務是負責講話，但是諮詢式的分析卻有確實根據。我傾聽飼主維若妮克談她的貓之後，訂立出正常諮詢會做的計畫。

我將貓籠放在桌上，打開門：漢尼拔看著我，讓我輕輕摸他，不在乎的神情夾雜著友善。我輕撓他幾下之後，看見他的尾巴尖在動，於是便不再觸摸他。他舔了舔被摸過的地方，但是仍然待在同一個位置（他有離開籠子在房間裡四處探險的自由）。我又開始摸他，他顯出不耐煩的樣子，我繼續摸——輕柔地摸，好了解他的容忍範圍和反應程度。就在一分鐘之內，他用我施加的同等力道咬了我……我幾乎沒感覺到他的牙齒。接著，當我停止撫摸他時，他馬上就鬆開嘴放掉我的手，並沒留下牙印。我認為他是適應力非常好的貓，值得我們進一步研究。

「你說你的朋友踩到他的尾巴？」

「是的……不過，她說也不是……」

我豎起耳朵，開始留意……

「那她怎麼說？」

「她說當時她在陽台上，貓旁邊。然後她覺得我的貓盯著她看，還突然撲向她的小腿，可是我覺得難以置信。她被傷得挺重的，他的牙深深咬進去，還扯掉一小片皮。」

「是啊，都是這樣。還有其他類似攻擊嗎？」

「有，同樣是這位朋友。」

「請說……」

「第一次意外過後十五天，她來找我，我們在沙發上聊天。漢尼拔經過客廳的時候停下來，盯著我朋友看，向她走過去……然後跳到她身上咬她的肚子，先是咬破T恤，然後是肚子上的皮膚，接著又咬她的手臂，非常兇地攻擊她。咬破皮甚至一塊肉……」

「喔，但是這跟之前講的問題不一樣……這種攻擊真的很奇怪……還有其他的嗎？」

「相不相信？我朋友再也不來我家了。」維若妮克微笑說道。

「我猜想也是。那麼他也攻擊別人嗎？」

「也會。那位朋友被攻擊之後三個星期，另一位女性朋友來我家……我不太確定會是何種情況。漢尼拔到現在為止只對女性出現這種態度。然後，我突然看見他的表情變了……我才剛來得及拽住朋友的手臂，把她拖到陽台，漢尼拔就對我們發動攻勢。他撲到窗戶上，看起來根本不像平常的他。我拿出手機打電話給我先生，他穿著騎摩托車的全副裝備回家，靴子和手套都沒脫，我們好不容易才把漢尼拔關在房間裡。」

「你肯定嚇壞了。」

「我當下只想到別人，但是在之後告訴自己，假如當時我試著阻止他，肯定連我也遭殃。」

我之前談過很多如何以同理心治療貓，但是切莫忘記飼主的情緒。對維若妮克來說，當時的情景想必很嚇人，更別提她的兩位朋友。自從那天起，每次有女性友人來訪，她就把貓鎖在房間裡。

此時，節目走向已經與最初的設定有很大的差別，但是我被這個案例深深吸引住，因為它非常重要。

我開始表示漢尼拔也許有某些精神病徵狀，同時感覺到她的反抗，畢竟她只是湊巧來上這個節目的。她好心同意來上節目，而此時我卻和她談起貓的精神病……眼前的情況想必令她不安。

我讓她花一些時間消化這些訊息，並且非常謹慎，因為雖然我的假設很篤定，畢竟還沒能確定診斷結果。

在評量完漢尼拔的所有主要功能之後，我已經知道他除了攻擊行為之外是一隻正常的貓。他的案例並不牽涉焦慮或是缺乏自制力，但是每當發作時就會出現極大的現實解離現象。

我建議飼主使用行為治療搭配藥物。牛軋丁病例已經用過的 E828 C藥物是行為失調案例中第一種會使用的，我知道（而且基於強烈假設）如果有相當於人類精神病中的解離徵狀，這種藥的效果會很小甚至沒用。

我還加入行為治療：

- 準確分辨威脅發生前的線索，並即時躲避到安全之處；雖然有時線索十分細微。
- 如果有可能，將攻擊轉移到可接受的物體上。
- 有時中斷手法會有用，比如植物的噴水壺。

當貓進入「瘋狂」狀態，危險開始發生時，所有這些方法都不再管用：沒有什麼能使它停止。此時的首要之務是確保訪客的安全，尤其是女性訪客，絕不能讓她們和食人魔漢尼拔接觸。

在接下來幾個月之中，我和維若妮克不斷保持聯繫。

首先，沒有人（包括飼主和她的丈夫）能想像漢尼拔「瘋了」，甚至有許多朋友告訴他們，也許真正瘋的是獸醫在下我。

遇見這種案例，我通常不會反駁，只是等待……如果有某些現象蒙蔽了我，況且也有相當的出現頻率，那麼對貓來說至少是好消息，但是我寧願抱最壞的打算。後來，漢尼拔的發作次數愈來愈多，維若妮克終於認清貓的徵狀的確符合診斷中的描述。

接下來治療開始了：起初，飼主擔心我開立的藥本身具有的危險性會「吃掉貓的腦子」。不過我有信心地保證：這種藥除了有效管理情緒之外，也十分安全，甚至能保護神經元。

雖然藥物是安全的，但只有用於狗的版本，所以藥錠尺寸較大，想讓貓服藥變得有困難。這一點使得接下來的手續複雜了些。漢尼拔在這一點倒是與其它的貓並無二致：第一天給藥就不容易，第二天變得稍微麻煩，第三天根本不可能……完全因為牠變得更敏感。

維若妮克解釋：漢尼拔見到她就跑，一臉擔心的樣子，她覺得牠顯得很緊張。牠還威脅她的丈夫，可是沒抓他或咬他，只是害怕地跑到另一個房間。

露露是和兩人住在一起的另一隻貓。當漢尼拔開始療程，行為出現變化之後，露露也開始擔憂，焦慮到甚至用力舔舐自己，直到毛開始脫落。無庸置疑，牠們的行為互有連結……

慢慢地，維若妮克開始正視漢尼拔嚴重的症狀。她會給我詳細的報告，除了猛烈攻勢，無法解釋的恐懼也令人氣餒。這隻不幸的貓會突然像是看到或聞到非常駭人的事物，甚至無法躲到櫥子後方或床底下。

有時平靜的假象能讓人忘卻威脅：或許好幾個星期都沒有意外或受驚反應。隨之而來的是另一陣讓人擔憂的發作期。比如某天有女性朋友造訪，而且還能撫摸漢尼拔；牠突然又盯著她看，維若妮克根本來不及把牠關進房間。另外有一天，維若妮克的媽媽差點被攻擊，兩個人都嚇壞了。從毫無理性的恐懼到無法預知的攻擊，漢尼拔的生活以及與牠同住的日子成了一連串大幅度情緒波動和失望。可是維若妮克和丈夫仍然抱有一絲希望：他們正如許多也住在公寓裡的人，以為被關在屋子裡是造成貓隻行為失調的部分原因。他們原本就打算搬家，現在正是好機會。頭幾個星期，能夠接觸戶外的漢尼拔似乎驗證了他們的看法：一切似乎都在好轉，我也收到他們興高采烈的電子郵件。漢尼拔接納一切，來者不拒，甚至讓幾乎不認識的人摸牠，露露看起來也平靜多了。人貓的快樂生活持續了四個星期。有一天，維若妮克正在為遠行做準備，看見漢尼拔回到家來，瞳孔放大，神情憤怒，撲到可憐的露露身上，後者還因為太害怕而尿失禁了。情緒性排尿是最強烈的肢體表現，代表個體正經歷極大的情緒反應。露露高聲嚎叫，維若妮克想動手介入，卻被漢尼拔當成攻擊目標。她只有躲到陽台上的時間，留下屋裡不斷攻擊窗戶的漢尼拔。

那天，受到極大驚嚇的她和丈夫做了一個「可怕的決定」，她在信裡如此寫道：「讓漢尼拔安樂死。」

面對這種案例，如此的決定是我們害怕聽到，卻又每天都有可能聽到的：如何與拔掉插銷的手榴彈安然度過每一天？我並不會評斷飼主的做法，只有一股巨大的悲傷，覺得自己違背了當初立下的布哲拉獸醫宣言。

漢尼拔是一個悲劇故事，因為我們在今天了解的仍然不夠，方法也有限，藥物更不足以緩解這些被困在自己腦子裡的貓承受的可怕痛楚。

我希望藉著將這個案例呈現在你眼前，能夠開一條途徑，使明日能有更多的我們渴望知道如何治療和減輕這些貓因瘋狂而受到的折磨。

為了這個目的，與其他動物的精神疾病（尤其是貓）相關的知識必須進步；所有專業人員都得負起責任，將此知識傳達給學生們和廣大群眾。

第5章
貓的警告：共創幸福未來

「與貓共度的光陰，永遠算不上虛度。」

——法國作家柯萊特（Colette）

現在，我要為貓隻行為失調的故事和人貓關係做總結。很重要的一點是，我們的貓夥伴在大多數時間裡，會不經意地鞭策我們思考人類與其他動物的關係問題；但有時也包括人與人之間的關係，並且鼓勵我們從深層思考。貓是當代許多爭議案例的證人，可是一如既往，總是給我們遲來的答案。與貓同行的這趟啟蒙之旅即將到終點，讓我試著回答四個看似偏離貓隻精神病、卻又與初始重點相關的問題，也就是貓證人本身，也可以說是我們這個時代的貓符號。

在我們這個時代，是否能將精神和生理福祉分開？

我們對這些動物有責任、負責照顧牠們、愛牠們，那麼牠們的自主權又是如何？
我們如何以自己和動物都能接受的方式看待衰老、結束生命、以及照顧的極限？
關於人類社會裡與權威、層級和教育的關係演化，貓能告訴我們什麼？

同一健康，同一福祉

第一個問題「在我們這個時代，是否能將精神和生理福祉分開？」，這個問題根本已經是無庸置疑的了；但是以我的從業者角度來看，所有與貓有接觸的人類：飼主、獸醫、繁殖者，都還有很長的路要走，才能真正地將精神和生理福祉結合為一體。我們也應該對相反面向有所警覺：也就是過於強調生理和精神的關係。

不要忘記，行為失調和有機失調、受習慣影響的行為與情緒不佳的表現，兩種關係中間都有灰色地帶。家貓是這些問題的代表，往往能給我們出於意表的答案。

我們長久以來捍衛著一個概念，時至今日則已成為「基本需要」；這個概念就是「同一健康」（One Health!）。英語系同業甚至將之延伸成為「同一健康，同一福祉」（One health, one welfare）。

姑且不論這句口號是否追隨潮流的意義大於實質，但它確實指出物種之間生理健康、平衡行為、合作關係的相互依賴性，並進而融合成協調、受到保護的環境。

幾乎相同的病毒

新冠疫情提醒整個世界，人類也可能成為宿主，使病毒流傳在其他物種之間。我最震驚的是激起的衝擊。我們不得不再一次借用莫希佐[1]的告誡，他呼籲我們在談到大自然時，不應該視為一個外部整體，提到動物時也不僅僅是「動物」，而是「其他動物」，藉此一次又一次地肯定由所有生命組成的社群。無疑地，假使所有人類從記者到政客都將這個概念付諸實行，便沒人會認為病毒從一種動物傳播到另一種動物是奇怪的現象。七〇％的傳染病是人畜共患的（意指病毒或細菌以直接方式或透過病媒——通常是另一種動物，例如昆蟲——突破種間障礙）；我認為剩下三〇％只流傳在人類之間，是另一種人畜共患疾病。自從疫情發生之後，西方社會裡再也不認為人類最大的死因是非傳染性疾病（糖尿病、癌症、過度肥胖等等）。我們仍然不知道新冠病毒是否來自穿山甲、蝙蝠或粗心大意的實驗室，疫情卻提醒了，我們也是受傳染病毒威脅的動物之一。新冠疫情還告訴我們，寵物也可能被人類傳染，而有些貓確實感染了新冠病毒：首先當然是家貓，但是動物園裡的大貓[2]也不例外，比如紐約布朗克斯（Bronx）動物園裡的獅子和老虎；《世界報》（*Le Monde*）上的一篇文章也報導了一隻比利時的貓和新加坡的狗的病例。在那之後進行的科學研究[3]同時顯示，貓對新冠病毒的抵抗力很脆弱，而牠們也沒有傳播病毒的能力。這對牠們來說很幸運：被棄養的很少，被領養的很多；雖然在人類重獲自由之後，收容所再度爆滿回流的動物。

貓傳染性腹膜炎

我再提出一個論點，解釋政治和科學的威權單位並未將所有生物視為命運共同體：我們只需要看看法國的緩慢反應，包括獸醫實驗室，以及偵測新冠病毒的專家們。法國花了一年時間，才有獸醫被納入新冠疫情的科學家顧問團隊[4]；該團隊的責任在於引導決策，而我們又有真正的對抗流行病的專家，特別是新冠病毒。許多疾病都由這些病毒引起，獸醫們已經習慣於偵測它們，並且知道治療有多麼困難[5]。

禽冠狀病毒、豬流行性腹瀉病毒、豬傳染性胃腸炎、豬呼吸道病毒、年輕馬匹和牛隻的腸過激綜合症，更別忘了貓傳染性腹膜炎，除了能致死之外，還會改變許多其他動物的生活品質。

獸醫們能夠提供許多類似的冠狀病毒例子，但是大部分做決策的人仍然以人類中心主義方式思考。

最後，是「同一健康」的願景促使獸醫被納入顧問團隊裡。我們在為這個體認感到欣喜之餘，也希望有關單位學到了寶貴的一課，將來若是有新的流行病發生時不會重蹈覆轍。

簡單的訴求

有時候，事情比想像中的簡單多了。也許貓的行為不受歡迎、但又不屬於疾病或瘋狂，而只是純粹試圖重建牠們世界的和諧。

我們看到小甜甜的案例，光是換一個貓砂盆就能徹底改變貓的個性。這個例子顯示，貓確實是奉行「同一健康，同一福祉」的冠軍。搬家、迎接新生兒，都是生活中的重大變化，所以人類會留意這些變化對愛貓的衝擊。但是一件家具被移動或行李被留在走廊上，在人類眼中看似微不足道的變化卻足以打亂貓的情緒平衡。

各位在本書案例裡看過的那些不受歡迎的行為，實際上就隱藏了這個訊息；現在各位應該對家裡那隻貓有了新的認識。雖然我們能根據之前描述的各種疾病（生境病理、關係障礙症等等）診斷這些問題行為，但它們也可能獨立存在，不造成影響，這或許表示貓企圖自行重建牠的世界裡的平衡，又或者是因為人貓之間的文化誤解。

愛抓撓的佛雷迪

如果你的貓愛抓同一個你喜歡的地方，而且邊抓邊用眼角瞄你，一等你接近牠準備開罵時牠就溜之大吉，請別把這樣的行為當成壞事。貓與你住在一起，甚至比你了解牠還了解你。牠只是在組織生活環境，這個行為對牠來說非常重要，但是牠已經知道你的負面反應，並且早就預料到了。只要你不以體罰或驚嚇方式處罰牠，這個行為將持續很久，而你也會覺得愛貓在故意跟你開玩笑。但是牠只不過在試著結合自己的需要和你的要求而已，不是明知故犯，而是在人貓之間尋求和平共居的可能性。如果你站在牠的立場想，就能了解牠的意圖，並且准許牠在距離不遠處抓撓（你不用在浴室最裡側放抓架，因為牠不會用的……），同時將你不喜歡牠抓的地方改成不適合抓撓的地點。這麼做能讓貓重新找回牠渴望的和諧環境，而不是你想像的故意找麻煩！

可能發生的錯誤來自誤解：你以為貓想「磨爪子」。當然，貓會藉著磨爪子去除死皮，但並不是這個行為的主因，要不然你肯定很容易就能將咪努的抓撓注意力轉移到你最愛的沙發或扶手椅以外的物體，牠也會很高興地換個地方抓撓……但是在這個例子裡，地點與行為同樣重要！假如你不了解這一點，那麼請看之前討論過的生活區塊分配（請見第2章的〈地盤與和諧〉）：對許多貓來說，保護獨處區塊是生活的重點，雖然並非所有貓都是這樣……

我們還有時間補償：別懲罰牠們，要了解牠們，安排牠們的生活空間。如此，和平將會重新降臨。

愛咬人的塔可

並非所有咬嚙都屬於攻擊行為。有時對貓來說是喜悅甚至熱情的表現。你可能還記得第3章裡的伊西斯，牠頭一次咬人並非出於攻擊，而是在極其開心的人貓親近時刻。但是牠興奮的咬嚙卻被誤解，人類對牠的懲罰還使情勢變糟。貓真正攻擊時鮮少只用牙咬，很多時候還伴隨著威脅、雙掌高舉、雙耳後貼，假使這些都不足以恫嚇敵人，甚至會以爪子抓。「正常」的貓通常會避免衝突，而不是刻意引發對立。說到此，我就想起曾經來諮詢的貓塔可。飼主非常愛牠，但是牠「討厭死」隔壁鄰居，只要一見到對方就會從籬笆

如何阻止貓磨爪子

在抓撓位置貼一條雙面膠帶或鋁箔，讓貓覺得該位置抓起來不舒服。同時在該位置旁邊設置舒服的（比如纏上長繩）抓架，應該就能達到轉移效果。

下面鑽過去，以充滿威脅的態度逼近，無視於自己侵入了別人的地盤。假如威脅不管用，鄰居也為了保護自己的領地而做出反制，塔可更會毫不遲疑地衝向對方猛咬小腿，除非對方來得及攫住牠。牠的態度惹毛了整個社區，甚至還寄了聯名聲請書給鎮議會，後者也以嚴肅的態度正視這種行為。我們並沒為牠的案例訂定治療計畫，因為塔可的飼主將牠送到鄉下數公頃大的姊姊家。很難說新鄰居們不會受到塔可的怒火威脅，因為這隻貓就是受不了被挑戰。

大多數時候，假如貓只咬人而沒有別的舉動，你就必須將攻擊性排除以了解牠的行為；玩得太瘋、太興奮、對刺激的反應都有可能。雖然對被咬的人類來說既疼痛又出其不意，這個行為卻永遠有可能代表別的意義。

骯髒的丹妮

要記得，由於維持生活環境的平衡對貓來說至關重要，所以即使是很小的意外也能使貓暫時拋棄人類的既有印象：豬愛乾淨，以及在貓砂盆或戶外排泄的好習慣。讓我們想想小甜甜和其他貓病患的案例，在一開始時就要確認牠們的行為究竟是排泄還是標記（請見第2章的〈準確判斷排泄行為〉）。

丹妮是看起來頗為放鬆的母貓，但是牠的尿液標記行為已經持續一個月了。生活環境裡的變化非常少……入口多了一個單腳桌，也許再加上兩次朋友來家裡吃飯，總之丹妮開始做標記。飼主剛開始罵了牠，但是並不嚴厲。牠雖然看起來還算穩定，卻已經開始標記，並顯現出少許焦慮徵狀，不過還不到能夠確診的程度。此時的牠是第二級（已經有徵狀，但還不能確診）。我很快地向飼主解釋並分析丹妮的行為，讓他們理解牠的想法，而不是把牠的行為當作壞習慣，同時體諒牠的痛楚。丹妮在幾星期之內就重新恢復平衡了。但是對於其他患病的貓，有多少又因為飼主決定不帶牠們來就診，而陷入長期憂鬱狀態？

這些行為是簡單而且可逆的，雖然在幾天或幾星期之內就能矯正回來，卻往往是憤怒飼主們的經典抱怨題材，我能理解這一點。貓極為擅長以行為向我們展現心理平衡和生理健康的密切關聯。如葡萄牙心理學家達瑪西奧（António Damásio）[6]說的，牠們提醒我們不得重複笛卡兒的覆轍。情緒影響生理，而生理狀況又能嚴重衝擊精神狀態。這個事實對我們的專業來說非常自然，能幫助客戶了解許多疾病，但是也代表對前來諮詢具有決定權的飼主必須以稍微不同的角度看待動物的行為。

諮詢時拔扯毛髮的阿月

曾經有個案例令我大為震驚，並且就此改變治療作法。大約是二十年前，我在看診時見到了阿月。牠是很溫和友善的貓，但是有不正常的梳理行為，會拔掉身上的毛。本書前面的梅莉也有同樣行為，表示患貓可能有嚴重的精神疾病；不過這並不是最常見的原因。在大多數案例中，這種行為代表長期的抑制型焦慮。獸醫們見過許多過重、肚腹上沒有毛的貓。一般來說，獸醫們會建議飼主幫愛貓減肥，但是對於過度舔舐和暴食兩種典型焦慮行為之間的連結，強調程度仍然不足。

因此，有時飼主會驚訝地發現愛貓肚腹上有一大塊無毛地帶。貓會安靜地舔舐自己，通常是人類看不見的時刻，因此許多養貓的人並不會發現貓的脫毛現象。貓的過度脫毛症有幾個原因（你絕對要考慮跳蚤！），但是出現在腹部，有時延伸到大腿內側的對稱脫毛，往往是因為焦慮造成的過度舔舐。阿月的狀況非常不同：牠不在獨處區塊舔舐，也不在晚上人類睡覺的時候舔。牠隨時都在舔，一口咬住身側的毛之後用盡全力拔，直到把毛扯掉。甚至就連來諮詢的時候也不例外，這一點非常罕見。貓來看診的時候可能會抑制自己的行為，也有可能具攻擊性或平靜，但是在我的經驗中，從來沒有一隻貓自在到把我的診間當成獨處區塊，安全到能讓牠做出暴露弱點的行為。我目睹阿月拔掉自己的毛，也很吃驚牠竟然還有毛可拔……調查就此展開：我和飼主一起檢視所有可能左右阿月情緒平衡的原因。牠的生活環境配置良好，進食習慣很正常，排泄區塊很清楚也很穩定。根據觀察結果，沒有任何令牠失去平衡的原因。我們必須記得，除了環境能造成焦慮之外，原因也有可能來自貓身體內部。可是我並沒在阿月體內發現寄生蟲。我靈光一現，向轉介牠來，並且與我一起諮詢的同業詢問病毒感染。阿月打了貓白血病疫苗，但是FIV疫苗[1]呢？貓免疫缺陷病毒與愛滋病毒是同個家族，不過我要重申兩者絕對無關，也不會交叉感染。它能弱化免疫系統，使貓暴露於被感染的風險中，但是鮮少有行為變化的臨床紀錄。由於沒有可得的紀錄——這種疾病的描述中並沒列出過度舔舐，但是由於阿月的平衡狀態已經受到干擾，就值得我進一步確認！經過驗血和快速檢測之後，結果證實了：阿月確實感染了貓免疫缺陷病毒。我們必須小心，避免太快將感染和舔舐行為連結在一起；但是在牠的案例中，是反常的舔舐行為引導我們發現牠被感染的事實，之後便以治療限制病毒危害。阿月和許多其他的貓一樣，再次證實行為的平衡必須經過

1 作者注：貓免疫缺陷疫苗。

仔細的身體檢驗，唯有徹底了解身體和精神的相互關係，才算是成功的行為診療。獸醫必須吸收更多知識，並將行為變化加到診療工具箱裡。

我們就有一名學生提交了關於動物行為的論文，內容是探討貓免疫缺陷病毒對受感染貓隻行為的影響。

行為問題及感染

少有研究文章觸及兩者的連結。有時候，有些文章會寫到情緒失調和攻擊行為，卻缺乏實際的行為符號例證。

只有一篇研究探討了感染和行為的連結，但只是實驗，條件是在八週大的小貓身上做高劑量的靜脈注射。[7]在真實生活中，感染多半透過咬嚙或性接觸發生於成貓之間。該研究顯示六隻貓都有學習障礙，記憶力較差（在簡單的空間認知測驗裡犯較多錯誤，比如尋找食物測驗，或無法回到已經去過的地方）。在大自然中，假如已經去過的地方被掠食者佔據，這種「健忘」現象能造成致命的結果。

這名學生為了他的論文，總共研究三十隻感染免疫缺陷病毒的貓，並和另外三十隻病毒檢驗結果為陰性、但是顯示出類似行為的貓相比較[8]。

如此的設定已經能當成很棒的電視節目了！

結果很清楚：感染ＦＩＶ的貓比未感染的呈現更多行為問題。最大宗的問題行為是：不愛乾淨和認知失調，正印證了實驗數據。最值得注意的是，感染病毒的貓做夢頻率明顯變少。我們在之前已經看過夢的重要性，對家貓來說尤其如此，因為牠們的雙重天性更需要將日間發生的活動加以歸整，而唯有透過做夢活動才能做好這項分類工作。這個發現能夠部分解釋受感染貓隻的情緒不穩和攻擊行為；飼主們覺得牠們無法預料卻又說不出原因。

阿月為我指出了可能途徑，學生的論文進一步確認我們所有人都應該記住的：必須將每隻個體當成單一整體來看待，否則便是錯誤的做法。

我們獸醫常常覺得自己說的話被當成耳邊風。貓倒是很幸運，有時候會有一位舉世聞名、權威性不容置疑的獸醫出現。他不是古怪的精神病獸醫（如敝人我），但同樣認為心和身是一體的。這位獸醫的看法使獸醫學得以向前進步，主題就是現在要談的貓自發性膀胱炎。

姬塔：間歇性的痛苦

貓容易罹患非常痛苦的膀胱炎。膀胱發炎使貓非常想排尿，有時卻只有少許尿液可排出。每次排尿都很痛，有時甚至還有血尿。姬塔是我還在當全科獸醫時的病患：在專任精神科獸醫之前，我擔任了十五年的「正常」獸醫，在位於杜隆的診所內醫治狗和貓。當時我已經開始對貓的行為感興趣了，而且十分關心暹羅貓姬塔所受到的痛苦，以及牠的表現方式。姬塔每年會得兩到三次膀胱炎，牠的飼主早早就告知我：這隻貓平常很乾淨，而膀胱炎發作時卻會坐在她面前的洗手台裡擠出幾滴摻了血絲的尿，彷彿是在警告。之後，有許多飼主告訴我同樣的貓隻行為，他們都覺得只是偶然發生的。但是我認為貓是在傳達訊息，很有可能是尋求幫助。

然而尿液分析結果往往令人失望，尿液中沒有造成感染的細菌，也沒有結晶或結石。所以這種膀胱炎才叫做自發性膀胱炎，原因仍屬未知。所有治療方法都管用，但是也可以耐心等待它消失。這個疾病的挑戰不是找到立即的治療方法，因為感染能在幾天之內自行改善；挑戰在於拉長一年中發作的間隔。

這個時候，我就需要談到巴芬頓（Tony Buffington）了；他是來自美國的獸醫，之前曾在俄亥俄州立大學任教，現在則在加州州立大學戴維斯分校。他為獸醫內科這個小世界帶來巨大變革，確認了自發性膀胱炎是焦慮帶來的結果，而且必須同時考量貓隻生活中造成焦慮的事件，特別是發生在牠成長過程裡的焦慮[9]。

我相信這個論點改變了許多同業的觀點，他們在此之前從未將貓病患的心理健康納入考量。

此外，巴芬頓和他的團隊設定了一個理論：自發性膀胱炎的原因包括壓力，而管理壓力的方法不應該只是藥物，至少還必須包括環境，並同時考慮貓的生活區域。他接著又規劃出針對不同環境模式的調整方案，證明這個方案比光是使用抗生素和膀胱保健品的傳統療法來得更有效。

最後，這些研究能為醫療照護打開一條通往整合醫學的道路。巴芬頓在他的近期文章中回顧了二十多年的研究生涯，從整體角度探討了精神病學的基因研究（這方面對我來說仍是頭痛的謎團），但是並未將研究結果與貓科精神病做連結[11]。他談了反應壓力的中央系統與中央控制系統的平衡，甚至提出一個新詞術語「潘朵拉症候群」[12]，用以涵蓋所有與自發性膀胱炎有關的徵狀。

我十分感激巴芬頓以他的研究促使人們正視每個個體的獨特性，突顯環境和健康、壓力和疾病的連結，這都是我們獸醫醫學的中心思想。然而令我很遺憾的是，他並沒描繪出完整的家貓寫照，包括受精神病症所苦的可能性，即家貓的精神病。更何況這篇文章還有一位動物行為醫學教授擔任共同撰稿人。但在北美，「精神病」仍舊令人有點膽怯。幸好這個看法已經隨著新一代獸醫而正在改變。幾年前，一位美國同業將她在國際研討會裡的報告命名為《精神病獸醫病例雜論》[13]。另一位深受不同世界文化洗禮的斯洛伐克同業先在斯洛伐克就學，然後到以色列進修，後來又到加拿大，目前是美國行為學獸醫學院以及歐洲動物福祉與行為醫學學院的一員；他曾經在二〇二〇年出版過一本名為《寵物獸醫精神病學》的書，書裡終於提到了精神病學這個字眼，進一步將我們的學科定位於醫學領域之中[14]。

我確信，那些敵視真相的老一輩同業退休之後，獸醫精神病學就會站上世界性的地位，我們的美國同業們也會回頭說明它有多重要。要緊的是其他動物，特別是與我們共享生活環境的寵物，會被視為完整一體：除了獸醫長久以來照護的生理之外，還包括目前一小群獸醫不斷為其喉舌的精神平衡。唯有同時顧及兩者，才能收到正確的醫療效果。

前面談過的幾個不受歡迎行為案例中，有些算不上是疾病；另外我也談了兩個全面醫學的例子，一個結合了病毒學和行為醫學；另一個則是泌尿科問題和精神病學。這些例子告訴我們，在診間遇到的這些貓科動物都會迫使我們認真思考全面醫學的意義。

痛苦、虛弱感、過度害怕等心理因素都能顛覆微妙的平衡狀態，使生活變得複雜。貓提醒我們，快樂的生活是如此脆弱，值得我們全心留意。

貓也是動物福祉的代表，常常被當作相關爭論的證人。我想藉著提出這些案例讓你看見雖然貓常被捲入對立，卻少有人在乎牠們的心聲。

選錯了邊[15]

我們有權利強迫牠們嗎？比如說終生無法外出？將牠們系統式地結紮是否人道？因為所有對動物福祉的研究都顯示出性對個體發展極為重要。

不愛戶外的埃克特

牠叫埃克特，對收養牠的夫婦來說佔有舉足輕重的地位；他們略顯絕望地帶牠來諮詢。

但是，埃克特看起來很正常，至少沒大問題；且讓我們聽聽蕾貝卡的說法：

「我們和埃克特從前住在公寓裡，可是那個環境不是我們想要的。我們想給牠最棒的生活，所以讓牠接觸戶外對我們來說非常重要。況且，我們自己也想要這樣的環境：住在有院子的地方，更常接觸大自然。埃克特頭一次到外面離家不遠的地方是跟我們一起。後來牠自己出去，回來的時候卻像是見了鬼，以後再也不願意出去了。」

「屋子的門有時候是打開的嗎？」

「當然，只要天氣一變暖就打開……牠會坐在前廊，向外走幾步，然後突然跑進來。牠一點都不喜歡院子。」

「好，讓我評量一下埃克特的行為平衡程度，看看發生什麼事。」

在身為精神科獸醫的腦子裡，我依循的優先程度是：

動物是否正常？

牠們的需要是否獲得滿足？

牠是否得到最好的福利？

是否能藉著鼓勵某些行為減低人類的失望，而在這個例子裡是鼓勵牠到外面的花園？

獸醫專注的要點永遠是動物，這是理所當然，但是我們的角色也在於照顧其他動物——飼主，減少他們的痛苦，進而提升人貓的和諧共居狀態。

我在看診過程中會探索貓病患的所有行為。頭一個分岔點在我能劃出一條界線，區分出「正常但不受歡迎的行為」以及「病理程度行為」，接著由此開始調整前進方向。這也就是我們為何不應自我設限，不過有時這個做法會令飼主大吃一驚，因為問題行為的原因竟然與他們原始的抱怨或諮詢原因不同。比如說，貓隻焦慮問題通常伴隨著睡眠、胃口、與自己身體的接觸、以及探索能力之類的行為改變。所以我們必須觀察每件事、詢問每件事，才能建立完整的理解，做出精確的診斷。

埃克特的例子中，我必須區別「阻止牠調適的過度恐懼狀態」和「對可能有危險的環境抱持正常而謹慎的態度」。牠的行為符號並未指出任何不正常之處：埃克特很健康，自己主動決定將生活環境限制在室內。牠的成長過程無疑地促使牠選擇這個決定，而且第二次外出的經驗顯然使牠更確定自己的選擇，所以不需治療。

蕾貝卡和先生托馬都鬆了一口氣。他們得知埃克特很健康，生活品質也算得上非常棒。但是仍然相當失望：

「不過牠說到底還是不喜歡花園……」

「那是牠現階段的選擇。假如你在路上一轉彎碰到魔鬼終結者，應該也不想再重複第二次同樣的經驗……」

我用紅色筆記本為例對他們解釋貓的雙重天性、高度敏感的重要性，以及務必有耐心。埃克特也許會決定再到戶外探索，也許不會。無論如何，牠的其他行為：和兩個飼主的遊戲、捕獵從戶外誤闖室內的老鼠和蜥蜴、分享獨處區塊、持續而且仔細地使用砂盆、正常定量地進食習慣、在屋裡和飼主身上做大量臉部標記，在在顯示牠很平衡，具有豐富完整的行為模式。

我們發展出一套吸引埃克特到戶外的策略，讓牠覺得開心的同時卻又沒有強迫感。我在一年之後得知牠的後續消息：諮詢之後沒多久，蕾貝卡和托馬得知住宅區裡有一隻蠻野的貓，把所有家貓都嚇得不敢出門。他們試著在院子撫摸埃克特，和牠玩，但是牠決定繼續做自己，並且當了一輩子快樂又平衡的室內貓。

埃克特為許多感到內疚的飼主提供了一個解答，他們認為自己沒能提供愛貓四面牆之外的生活空間。有時候是貓自己的選擇：牠覺得住在令牠安心的室內是生活品質的關鍵。

佐拉（Émile Zola）的一篇短篇小說描寫的就是這種情況[16]，故事中一隻（不具名的）土耳其安哥拉貓想體驗野貓的自由，卻歷經了一整晚的恐懼，包括遇見不友善的同類、淋了一身雨，而且找不到食物，最後還是決定回到舒服的環境懷抱豐足的食物。

案發現場調查

為了得到更科學性的結論，以便能有最富實證的方法解釋，之前提過的同一名學生做了生活環境調查。調查目的在於：將能外出的貓和無法外出的貓相比較，兩者的行為模式和失調行為是否有所不同[17]。在此進一步闡釋很重要。

該項研究規模頗大：對象共有三百五十一隻貓，提供了許多訊息和重要答案。純室內貓的失調行為（特別是不愛乾淨及攻擊性，兩種飼主的主要抱怨）不比能到戶外的貓多。而且無論能不能到戶外，所有的貓打呼嚕的時候都一樣多！

當然，這份調查也顯示了幾個不同之處：不到戶外的貓比能到戶外的貓較常展現出「瘋狂的十五分鐘」現象，進行激烈的運動；牠們也花較多時間在模擬狩獵活動上。

同樣的道理，住在公寓或屋子裡的室內貓玩遊戲的次數較多，這很合乎邏輯。

這項研究能夠合理解釋兩種貓的不同之處：狩獵者的基本行為是以天然獵物進行「實際」捕獵行為，因此家貓需要能夠發洩這種需要的出口。玩耍是幼態持續期[2]的行為，假

2 作者注：Néoténique，指幼年特徵在成體階段仍然保留的現象。

使個體在幼年期有如此行為，就會延伸到成熟期。個體處於不需擔心危險、較具保護力的環境中時，玩耍的表現會較明顯，因為牠不必時時刻刻保持警戒。

因此，不同生物環境會導致不同行為模式，我們對這個結論並不意外。

我們想針對主要問題得到一個答案：無法到戶外是否會造成較多問題行為？被關在固定的空間裡是否會使貓隻不自在，進而增加行為的疾病程度？

當然，單一研究不能帶來決定性的答案，但是這項研究的對象數目龐大，樣本分布也很均勻，因此能讓我們得到某些結論。

首先，之前提過的精神疾病：雙相障礙或解離徵狀明顯地都不是環境造成。進一步說，這些是罕見的，而且任一環境的發生比例並不高於另一個環境。

有趣的是，該研究調查的目的在於，確認引起焦慮狀態的徵狀是否較常發生在無法接觸戶外的貓身上；假使如此，那麼我們就有憑據可以建議（幾乎是強烈要求）飼主，務必讓領養的貓接觸戶外。

如今，所有我們已知能引起焦慮狀態的徵狀，並不因貓隻生活地點而有明顯差別。毛皮滾動徵狀在室內貓身上發生的機率並不大於能到戶外的貓。只要貓身上沒有跳蚤，毛皮滾動就肯定是屬於病理程度的典型恐懼或焦慮徵狀之一。

出於煩躁的攻擊行為是急性間歇焦慮狀態的主要徵狀。被禁錮會使貓隻沮喪和不平衡，我們或許在調查中看到較多攻擊行為，但事實並非如此。假如純室內生活條件會導致長期的抑制焦慮狀態，那麼我們應該也會看見過度舔舐的替代性行為，進而形成腹部脫毛現象；調查結果也並非如此。

最後，比如小甜甜和其他本書裡的例子，由於空間無法符合個體要求，使牠難以組織生活空間，往往會觸發滅跡排泄或標記，那麼以此類推，純室內貓就會比能到戶外的貓更不愛乾淨。但這仍然不符合調查結果。

這些調查結果很重要，因為現在仍然有人怪罪飼主不讓貓接觸戶外，甚至以最強烈的語氣建議缺乏戶外條件的飼主不該領養貓。這些說法都沒有科學根據，根本沒有存在的理由。

當然，飼主們必須確定純室內貓的所有需求都能獲得滿足：能夠探索立體空間；有可以狩獵的誘餌；能夠自行在環境中建構獨處區塊、進食區塊、排泄區塊、活動區塊和互動區塊。一旦這些條件都具備，外人便沒有理由批評貓隻的生活條件。

過猶不及的危機

有個從前的客戶不久之前打電話給我。他的狗死了之後，現在想領養貓。他出於責任感和謹慎，開始在網路上尋求建議。幾天之後，他決定和我聯絡，聽起來很灰心：

「我需要聽聽你的看法……我看了太多文章，覺得眼花撩亂。根據某些文章，假如我沒辦法或不願意讓貓到戶外，就等同於虐待；但是根據另一些文章，讓貓到戶外反而是危險的作法，而且是對外面其他生物造成危險。我已經決定暫時不領養了。」

我們長談許久，我告訴他之前在本書裡提過的要點：關於家貓危及生物多樣性的說法是誇大其辭；飼主可以在貓身上繫鈴噹，警告可能的獵物；或是在住家附近樹上安裝保護措施，避免貓爬上樹襲擊鳥窩。我也重申，不能到戶外的貓仍然能有非常理想的生活環境，只需要幾個預防措施就行。當然，你應該選擇一隻成長條件符合未來生活環境的貓。假使一隻貓的生命前三個月是完全自由而且對人類有戒心，那麼要牠融入純室內空間就會有困難。了解貓對生活環境的要求、區塊分配和標記路徑能讓你列出完善的清單，確保貓隻過著和諧又豐富的生活。

如我之前說過的，是否能夠進出戶外的議題，其實哲學性或道德性高過科學性。你不能問科學它沒有答案的問題。貓向來展示出牠們對極艱困生活環境的適應力，當某些方面變得無法接受時（比如過多貓隻被迫同住：十隻貓住在一間公寓或一百五十隻住在收容中心），焦慮或憂鬱徵狀就會顯而易見地出現（加劇的攻擊性、退避態度、停止梳理自己、不愛乾淨等等）。我們在此談的不是這種情況。有許多辦法能讓貓獲得平衡：不能到戶外，但有足夠的刺激讓牠應用所有行為模式；或者在受控條件下接觸戶外，比如飼主幫牠開門或透過電子貓門設備；也或者貓隻大多數時間住在戶外，進入室內的通路有嚴格管控。這些情況在在告訴我人類飼主的想法遠多於貓隻本身的需求。一如既往，在這場永遠不會結束的討論中，我想最簡單的是詢問與患者有關的雙方。我這輩子和很多貓分享過時光。當我還是學生時，住在一起的貓完全無法到戶外，除非是度假時。那隻咪努後來變成了「大咪努」（不是體型的大），是一隻完美的模範貓。牠很和善，卻知道如何表達自己的容忍限度。牠也很愛和狗玩，兩者相處極為融洽，甚至還養成一天吸幾分鐘奶的習慣：牠把狗脖子附近的毛弄成一個小奶頭形狀，每天晚上會趴在狗身上邊吸「毛奶頭」邊用腳掌按壓。暑假時我們多半在鄉下，位於杜隆附近的老家裡，而牠也完全自由。牠總是待在離家方圓數十公尺的活動區域內，看起來很快活。有時候我們會聽見貓打架，擔心是牠在外面惹了麻煩，之後卻發現牠在窗台上聆聽外面的壞小子們打架。當暑假結束要離開時，牠有時會讓我們花幾分鐘尋找，而我們也會在灌木叢下找到根本不急著回家的牠。被發現後，牠會回到籠子裡讓我們帶回公寓，貓狗之間的遊戲再度如常展開，絲毫不見生理病徵或不正常的行為。

繼牠之後，所有我養過的貓都是半自由形式；我會在牠們要求之下讓牠們外出，當然夜晚除外，而且牠們全和我分享生活環境。數百萬隻貓以這種方式回應那些自責於將動物禁錮住並且強迫牠們共居的人類。當然，也有無法自己做選擇的貓，但是我們已經在之前看過，打造令牠們心滿意足的室內生活環境是絕對辦得到的；而且那些能夠離開，卻選擇留下來的貓，正說明人貓兩個不同物種確實能建立既深刻又長久的關係。

有的時候，我會看見貓表達想出去的意願，居住環境也許可，但是人類卻害怕讓牠們出去。這使我聯想到維昂的小說《奪心者》（*L'Arrachecœur*）裡的母親克蕾蒙汀，為了不惜一切保護雙胞胎孩子而砍掉院子裡的樹，或將他們關在沒有牆的籠子裡[18]。但孩子們最後發現的藍色蛞蝓仍然給了他們飛翔的能力，逃離母親令人窒息的過度憂慮。我的工作伴隨著同理心，對象同時是人類和貓，而我扮演的是翻譯者的角色，不是裁判。我理解想保護的欲望，也了解垂手可得的自由。假使來諮詢的貓表現想外出的意願，並且多次試圖外出，或已經出現自我放棄的態度伴隨病理程度的抑制徵狀，而我認為外出也許是一個辦法時，往往會建議飼主允許牠們接觸戶外。之前提過的電子貓門或最輕巧的GPS項圈就是解決辦法（現代家貓的藍色蛞蝓），讓貓滿足探索戶外的渴望，也滿足人類監控和保護的想法。

無論原因為何，當貓不可能外出時，我會盡力確保牠的生活環境裡完整包含每一樣讓牠健全發展的元素。因此，假如你想在生活中納入一隻貓，請不要遲疑：你絕對能找到一隻樂於與你分享生活的貓。再次重申：請勿盡信每個品種的描述，以為布偶貓的行為永遠像布偶；而波斯貓永遠只適合室內生活。你想養的貓和牠的成長背景必須與你能夠提供的生活環境相搭配，確定必要的條件都已具備，然後就能迎接一段和諧的人貓生活。

結紮的難題

當你決定帶回那隻貓時，另一個問題馬上浮現，這也是爭議很多的議題：該不該讓牠結紮？

對許多人來說，這根本不是問題：一百零一條規則就是強制性結紮，有時甚至是在非常幼小的年紀。因此我們曾看見許多文章建議對三個月甚至更幼小的貓做卵巢切除術[19]。今日的作法則稍微合理一些，有些文章指出黃體成長激素的增加會提高焦慮程度[20]。由於結紮手術阻截性荷爾蒙回到腦下垂體和下視丘，使得體內的黃體成長激素量異常增高。身體的許多纖維組織裡都有這種激素的受體，因此有些作者質疑如此的高含量（比如結紮後的個體體內比未結紮的高出三十倍）會左右行為。激素受體位於甲狀腺、腎上腺和消化道裡，我們也已經知道它們都能影響動物的感情或情緒；消化道更被理解為第二個腦[21]。這項研究是以狗為對象，但就算我們知道貓與狗不同，也難以相信同樣因素不會影響貓的行為。

相關議題的英文文章並未特別著眼於憂鬱字眼——因為這個詞是保留給人類的，動物的「黑暗想法」比較難證實。但憂鬱症狀在法國形態學裡確實存在，並且常見於貓。貓的憂鬱狀態是急性的受創結果，比如被體罰或甚至是多年未治療的焦慮狀態。結紮似乎是引致憂鬱的元素，特別是極早期的結紮。我們在很晚（比如六或七歲）才結紮的貓身上得知這個影響，廢止牠們的性動機有時會導致活動徹底失調。

不過要小心，我在此處說的是讓飼主在考慮是否結紮貓隻時作為參考，與為了控制貓的整體數量而做的結紮是不相違背的概念。

針對結紮議題的討論，往往因為兩種邏輯使人們感到困惑。人人都在說自己的出發點是動物福祉，但是講的並不是同一件事。如我在之前著作裡提過[22]，並且在第一章復述的：

動物收容中心的做法過於激進，認為應該結紮每隻貓，不讓任何領養人手中的貓能夠繁衍下一代。但二〇二一年十一月頒布的法令並未完全支持這種看法：假使飼主的貓生了一窩小貓，雖然不會因此被認定為繁殖者，但是必須保證能追蹤小貓去向，這是非常好的做法。法國人很會在法律制定之後又願意睜一隻眼閉一隻眼。雖然文字明白寫出責任和必要常識，但是你只要上網搜尋送養小貓就知道了，如此的法律並未被人們確實遵行，因為許多送養廣告都被極簡化，只有照片和「送養」字樣。

一言以蔽之，所有鼓勵飼主負起責任的措施、公家單位和動物福祉相關單位之間的合作，目的都在尋求多方一致同意控制流浪貓的數量，這些做法都很棒，也是正確的方向；但是卻不代表我們不用為個別貓隻著想。

生命的喜悅

自從五個自由元素首度被界定以來，動物福祉專家們已經進步許多，他們如今會將領域和動物的個別經驗納入福祉考量[23]。例如，動物的食物符合現代飲食規則，但是動物真的喜歡吃嗎？這些條件與法國國家食品安全、環境及勞動局[24]在二〇一八年舉出的新福祉定義相符：「動物福祉是積極的精神與生理狀態，與其精神和行為需求的滿足以及牠的期待相連結。此狀態取決於動物對自身情況的感知。」

這個定義改變了參考條件：將行為需求和期待納入考量，使動物成為真正的自我主體。藉著強調動物對自身在周遭環境裡的感知，也證實了福祉首先攸關的是個體，適合某動物個體的生活條件，也許會為另一隻動物個體帶來壓力，甚至造成焦慮狀態。因此必須根據每隻貓的環境、對飼主的影響力多寡、以及是否具有繁衍能力來做決定。但是讓你的公貓任意與數隻母貓交配同時增加FIV的感染機率，並不同於讓你的母貓與經過選擇的公貓交配後生下一窩受寵愛的小貓，之後還能被適合的人家收養。

除了這些問題，還有喜悅議題。新的福祉條件包括性欲望的滿足。這個說法提出了一個問題：我們如何知道家貓的性喜悅？

有一句家喻戶曉的形容是「表現得像發情的貓」，描述的是欲望和交配等生理現象，而不是喜悅。我們可以在這段期間看見許多令人類嘆為觀止的行為，有時甚至令從未見過貓發情的飼主們誤以為自己的小母貓遭到極大的痛苦而帶牠們來就診。母貓會嚎叫、磨蹭牆壁，聲音與從前迥然不同，變得更沙啞。要記得，貓這個物種的排卵方式是誘導排卵，由交配時的刺激引發，因此解釋了牠們的高繁殖成功機率。發情現象只能藉由交配行為停止：獸醫系學生們深知這個道理，因此有時會用棉花棒模擬交配動作，以便在安靜的環境中繼續研究。但是，這麼多欲望能使貓得到喜悅嗎？關於貓，沒有任何是說得準的。至於母狗、母猴、雌海豚以及其他許多物種都能體驗性喜悅，母貓卻看似不然。

沒錯，母貓確實有強烈的欲望，喜悅卻是成為母親之後，來自小貓和與其他個體的聯繫[25]；至於性喜悅卻毫無線索可循：假使真有線索，倒是相反的。

貓的本質不是社會性動物，所以我們對於看不見牠們有任何愛情表現毫不驚訝，牠們不會調情也沒有誘惑。當母貓準備好的時候，會在地面滾動並且表示默許（觸碰牠的尾巴根部一側，牠會將尾巴甩到另一側，露出外陰）。公貓追逐母貓幾分鐘之後會跳上牠背部，攫住頸部的毛，用力咬下。如此能造成脊柱前凸（弓起身子），方便生殖器插入。未閹割的公貓生殖器上有倒刺，會使插入極為痛苦，母貓因而嚎叫出聲。交配過程通常不超過三十秒。

整個過程非常迅速（兩位主角的對手戲非常簡短）但是有效（誘導式排卵），完全符合視安全為首要之務的物種。因此，欲望之中並沒有喜悅的空間，至少對母貓來說是如此。羅戴（Thierry Lodé）在獸醫心理學證書課程上做了大師級的講解；他是雷恩大學（Université de Rennes）生態演化學教授，專精於動物世界的性學，並透過多本著作分享他對該學科的熱情[26]。

羅戴教授令我們驚訝地看見，雌虹鱒會為了擺脫過於急切的雄虹鱒而假裝獲得「性喜悅」。他指出，在這場「性別戰爭」中，雄性為了激起雌性個體的忠誠度而產生重要的演化現象，解決途徑只有兩個：極度喜悅與極度痛苦。某些雄性動物，特別是鳥類的生殖器官上生有倒鉤，能讓我們想見其造成的痛苦；我們認為貓科動物想必也是如此。雖然之前說過，騎乘姿勢符合安全需求，卻無法令雌性動物感到喜悅，因此剩下的就只有痛苦了……我對這個假設持非常謹慎的態度，卻讓我了解了一部分對性的感知，至少是從貓的角度來看。我相信牠們跟自己的親生骨肉在一起時看起來十分喜悅，但是在交配時卻顯然不是如此，頂多是因為脫離了欲望的折磨而如釋重負。

關於貓的自由，牠們可能會對我們說：牠們有來去的自由，進行性行為的自由。牠們扭轉了我們的既有概念，強迫我們不將人類的感覺和認知投射在家貓身上。如果人類想為牠們帶來最大程度的福祉，就得被迫站在牠們的角度、牠們的生物條件、心理狀態、牠們的結構、牠們對自己的看法和周遭世界對牠們的看法，不將我們現代人對於福祉的認識強加於牠們，也不將靠著幻想或混合各個物種得來的哲學反思投射於牠們，而未尊重貓的真正特點。

說到所有生物的集合體時，就算我們指的是人類和其他動物，也不代表所有個體都生活在同一個世界裡；或者意味普世的價值觀都相同，能夠加諸於所有物種。我們必須思考的是自己和某些具自主性的生物之間的關係；我們對牠們有責任、願意照顧牠和愛牠：人類願意傾聽牠們的意見到何種程度，又願意觀察和理解牠們的行為到何種程度，並利用所得結果打造人和其他動物之間和諧及互相尊重的共居生活。

極限以外的世界

現今的獸醫學藥物使得人類的貓伴侶們得以活到相當大的年紀，手術和藥物也不斷挑戰獸醫的能力限制。

貓很擅長在不經意之間向我們提出幾乎無解的問題。隨著人類科技和認知的進步，牠們天生的抵抗能力日漸增長，對牠們造成的問題與對我們並不相同，但是在西方社會中處處可見。

寵物和我們自己該如何衰老？何種程度的老化是可以接受的？我們是否願意保有認知能力已顯著衰退但仍能運作的肉身？對動物來說老年是什麼？我們又該如何面對？

對我們來說，照顧衰老寵物的極限在哪裡？有誰能說「你對這隻貓的付出太多了」？

生命的結束又如何？永遠只能是自然死亡，或是可以經由人力協助和控制？而且在這種情況下做決定的又該是誰？當科學能避免個體死亡，卻無法讓牠享受生活時，我們該如何取捨？

貓的老去

貓的老去很優雅……至少大部分時候如此。

在今日，百歲人瑞不斷增加，二十幾歲的貓也屢見不鮮，使我們不禁開始思索貓的老年生活問題。

生活條件、日常照護、不斷進步的醫藥對人類和其他動物的壽命都造成影響。如此的長壽並不存在於野外：老年和生理限制固然被延緩，我們也必須記得只有生活中有足夠保護的人類和其他動物才有青春期，因為生活允許個體自幼年期慢慢發展至成熟期。這個話題是我們曾在動物精神醫學獸醫研討會裡[27]熱烈討論過的，不過並非此處的主題；不過青春期的幼態持續行為，例如玩耍，是促使人類願意與貓一同生活的重要元素之一。

讓我們想想另一個現象：豢養的家貓活得比在野外的自由貓還久，而人類對此有何看法？

網路上能找到一些數據，包括加州大學戴維斯分校的研究，指出家貓壽命大約在十到十五年，而以戶外為家的野貓壽命非常短，大約二到四年。這些數據衍生出某些有時很奇怪的建議，比如為了貓的健康，最好根本不要讓牠接觸室外，否則會大幅縮短牠的壽命[28]！我認為這種建議是錯誤的……我們不能將偶爾接觸戶外的家貓與活在戶外的野貓混為一談。幾乎所有我養過的貓都能出去，除了那些不願意外出的；而且幾乎每隻壽命都超過十歲。

當然，能外出的貓較容易碰到繁忙的交通狀況以及預防疫苗沒有涵蓋的病毒，但飼主不需擔心愛貓的壽命會因而戲劇化地縮短。為愛貓打造完善而舒適的室內環境並非不可能，許多貓也很喜歡時不時接觸戶外：不需要過度害怕，就算我們沒辦法避免牠們老化，但我和我的貓們證明了牠們的壽命確實延長了。所有獸醫都會告訴你，自己目睹越來越多非常老的貓，而這些老貓（十一到十五歲之間）或貓瑞（超過十五歲）往往都有行為問題。你可能覺得我的看法頗為反美，但我對於那麼多英文文獻中鮮少提及老貓的行為問題感到失望。許多徵狀都被囫圇吞棗地歸入**認知障礙症候群**（Cognitive dysfunction syndrome）。

這種說法意味著老年到來時只會有一樣功能出差錯；而事實上此說法對人類來說是不正確的，所以為什麼用在別的動物身上就會是對的呢？更何況我們在本書一開始已經看到，其他動物雖然有與人類不同的技能，但是行為模式同樣複雜。

事實上，貓的老化過程也包括許多不同精神問題，我們首先要記得，老化並不是一種病。你只需要看看周遭的老人們，就知道老化過程不是公平演進的。

心理學獸醫可以將老化過程中產生的疾病至少分成四個大類：

——外在情感問題，比如情感障礙；

——胸線問題（會影響動物的內在情緒），比如內卷憂鬱症；

——純認知問題，比如困惑症；

——以上三者混合而成的複合問題，比如老貓的極度攻擊行為。

正如健全生活有很多種面貌，所以年老時有一種以上的行為失調現象也是合乎邏輯的。區別不僅僅在於名字的不同；這些不同疾病的藥物和治療方式也各異。

讓我們看看其中兩個問題：內卷憂鬱症和困惑症。

雷昂：無法正確翻譯的訊息

先談困惑症。這個命名比耳熟能詳的「認知障礙症候群」還準確多了。當病患具有純粹認知失調，卻沒有外在情感或內在情緒問題時，就會被診斷為困惑症。

雷昂在十五歲時突然變得很髒亂，但仍然很親人，磨蹭頭部標記領域的習慣倒是沒太大改變。牠較不常跳上家具了，花比較多時間睡覺，有時候會在奇特的地方排泄，而牠從前很愛乾淨。飼主有幾次發現牠有點困惑，無精打采，在通往洗衣房的走廊上迷路，找不到一直放在洗衣房裡的貓砂盆。

像雷昂這樣有許多認知障礙：失去基本學習能力、不辨方向、無目的地漫遊、不帶情感變化的困惑狀態，那麼很有可能就是患了困惑症，也就是貓的阿茲海默症。一些重要的研究發現，貓與人類以及之前提過的狗[29]一樣，大腦也會因為有過多澱粉樣蛋白沉澱而老化[30]。貓科動物的疾病甚至更接近人類疾病：神經原纖維老化會發生在人類，但絕不會發生在狗身上；人貓都有磷酸化濤蛋白（protéines tau hyperphosphorylées），狗卻沒有。如你所知，現今沒有任何藥物能夠對抗人類的阿茲海默症，因此貓（或狗）也不例外。有些人類藥物一度看似有希望，但很快地又破滅。然而，明知沒有解藥，卻無法阻止我們治療貓病患，幫助牠們改善學習能力，特別是重新組織牠們的領域，使環境對牠們較為理想。飼主可以在排泄區塊放置更多貓砂盆、更容易進出、更舒適便捷的休息區塊，以及更輕柔可預測的人貓互動：所有這些做法都能延長愛貓的壽命。對雷昂來說，透過重新組織空間和較易於進出的貓砂盆，很快地就讓牠再度整潔起來。飼主也可以安排一些簡單的遊戲，向家人解釋牠的病情：這些做法都能讓全家人溫柔地陪伴牠走向最後的長眠之地，人貓慢慢地共享比預期中還多的幾個月。

不快樂的哈利

哈利向來是隻和善的貓，也許太和善了，在許多情況下都呈現十分抑制的狀態。這隻非常漂亮的伯曼貓在牠十六歲的時候來找我看診，因為牠的每個晚上突然之間變得十分不安寧！

牠會在屋裡四處走動，同時發出撕心裂肺的叫聲：你得親耳聽一次，才能了解那種叫聲有多難以忍受，更何況是與牠極為密切的飼主。絕望的叫聲令聽見的人擔憂不已，每晚重複上演的戲碼使他們要不想幫牠，要不就想殺了牠；白天，哈利還能夠補眠恢復元氣，人類卻仍然得打起精神上班。

因此，似乎是迷失在自己家裡的哈利，發展出一套反向夜間節奏（當然，最初的貓是夜行動物，但是隨著與人類的接觸，牠們學會並適應了屋子裡的節奏）；最重要的是牠開始害怕住了一輩子、理當很熟悉的家，而且看起來很焦慮。除此之外，牠也對日常活動（有時候是食物）不感興趣，還重拾嬰兒時期的行為（比如咬玩具）。說到這裡，你應該對這隻老貓的內卷憂鬱症有一幅很清晰的畫面了。最不幸的是，當飼主向獸醫抱怨時，後者有可能開立鎮靜劑給老貓（從前很常發生，如今已經越來越少，但仍然存在），而且多半是抗精神病藥物。這種做法不能改善徵狀，而且恰好相反：藥物會使狀況變糟，牠將表現得更困惑，甚至具攻擊性。當這種情況發生時，大部分案例是將貓安樂死。

我之前說過，貓的平衡基礎在於牠的領域。要貓適應不完美的生活空間會誘發長期的抑制焦慮狀態，並有可能演變成持續性憂鬱症，也有可能因為老化造成的內卷現象使病症變得更複雜。這個情況很嚴重，但是有解決辦法。經過檢查之後，我確定哈利的身體功能良好，腎臟和甲狀腺都沒問題（老貓很容易患甲狀腺機能亢進）。我用保護腦的精神藥物對付神經細胞凋亡問題。然後又請牠家裡的人類減輕牠的生活負擔：將環境簡化、容易進出、可預測，如此一來，家裡每個人都重獲安寧……倒也並非好幾年的安寧。之後牠又復發一次，大約是十五個月之後。這次復發符合之前的預期，代表牠對治療出現抗力；這一次飼主決定不再讓牠受精神病症所苦。有時候我們會聽見人們問：「為了讓牠多活這幾個月，值得嗎？」你覺得呢？誰不願擁有和愛貓和樂生活的幾個月？哈利的飼主們很高興再度擁有那隻他們認識的貓，那隻和從前一樣與他們互動的貓。他們很清楚狀況，也收到事先警告，所以格外珍惜這多出來的幾個月，並且讓他們有時間準備勢必得面對的結果。

治療行為問題的醫學和其他醫學一樣，目的並非永遠是康復，健全狀態也並不總是能達到。在這個時候，我們就必須著手提升生活品質和維持愉悅的人貓關係。畢竟，我們獸醫就是人貓關係的守護者！

從床到窗戶然後從床到床

雷昂和哈利的例子常常可見於家貓：這些狀況也像鏡子，映照出我們自己想要的年老景況。有些年長人類或動物老去的方式令我們嚮往；另外有些案例則讓我們看見可怕的持續退化狀態，我們不願如此狀況發生在自己和深愛的動物身上。最令人難以承受的是應該是「毫無選擇」，被迫不計代價地老化，或者維持寵物的生命直到牠撐不下去。我認為，我們應該一起思考生命的這個面向。由於沒有簡單的答案，甚至也許沒有通用的答案，那麼問題就是：我們應該如何讓每個個體在年老時仍然保持自我，使「年老」不致成為「喪失尊嚴」的同義詞？目睹愛貓年老逝去能幫我們提出兩類問題，一類是老化過程裡的生活條件問題，另一類則來自獸醫和動物周遭的人類。也許你對老年動物安養院裡的各種不足感到驚訝——即使我們已經看見獸醫學與人類醫學都在探索同樣領域，而且人類老年醫學的進展也受到阻礙。老化的對策看似無解，卻又顯而易見：當生命變得無法承受時，動物還有安樂死一途。因此我們很容易理解，圍繞年老動物的人們要不就是全心全意支持牠繼續活下去，要不就是無法再看牠受苦。在這樣的狀況下，飼主出於尊重動物的生活品質，會和獸醫討論之後做出平靜的決定，結束一切苦與樂。

許多人會說，這樣一來做決定的並不是動物自己。他們的想法有其道理，但是除非我們從人類是否有權利豢養動物開始討論（我想有些動物權利人士的見解與此相距不遠），否則我們就必須認清一個概念：人類為寵物做了各種重要決定（性、繁衍、食物、住處等等）。有些人一方面對棄養寵物的人感到憤怒，另一方面又責怪其他人為動物們所做的重要決定，這兩者顯然相衝突。有句名言說得好「你對馴養的對象負有永遠的責任[31]」，但是這個承諾是否有極限？假使有，又該由誰決定？

貓再一次非出於本願地，成為無止境的治療以及有極限的照護之間的爭辯主題。

決斷點：推到極限

二〇一九年五月，一隻三歲大的歐洲貓壽司和同齡的小個子母法國藍貓塔拉登上了頭條，牠們是法國頭兩隻因為醫療原因接受腎臟移植手術的貓。這件事引起許多議題，有些驚嘆於醫學技術實力，另外則批評這項手術既無根據又反應過度。

「要做到什麼程度才算太過度？」有些相關單位問這種問題。再一次，貓又被當成攻擊目標，撼動了傳統思維。簡直是醜聞！器官移植原本是人類專用的醫學手術，如今卻用在貓身上。

我承認，這些指責令我吃了一驚：動物醫學對公共財政並不會造成影響。動物沒有老人年金，也沒有國家補助款，自始至終是私人事務。但是新聞媒體和社群網路上的聲音改變了情勢，並且突然之間大爆發。有些人讚揚，另外有些人責備，負責這次法國首樁手術的獸醫和外科醫生忽然被捲入無情的媒體暴風雨中。我是法國負責監督全科獸醫進修教育的委員會[32]成員之一。當大眾反應撼動有關當局時，我們奉命組織一個小組研究這個議題，同時為此事正式定義獸醫專業的角色。兩位同樣專精於內科癌症治療的女性同業和我討論許久之後，針對該主題發布了一篇文章[33]。

迴響十分精彩，但是比我一開始想像的緩慢許多，而且正落入「他們究竟錯在哪？」的問題框架。

關於照護限度的問題讓我們深入思考醫學道德的最終挑戰。人類醫學對此才稍微理解，獸醫學中尚未有此概念。讓我們看看醫學道德的四根支柱，你就會了解為何將它應用在我們的專業上是如此複雜。

自主原則

人類醫學中越來越受尊重的主要原則是自主權。病人必須能夠決定是否接受或拒絕某種特定照護。我們立刻會想到的是：某種抗癌症藥物的成功率不高，因此已經飽受折磨的病人可能會不願再嘗試這個最後的機會。此外還包括預防疫苗：病人有不打疫苗的自主權，但是醫學單位和政府可能出於整體考量而強制施打疫苗，以防給社會帶來更大的風險。

總而言之，這條原則讓我得以在此將貫穿本書的概念說得更清楚一點：我們的寵物無法完全具有自主權，因為根據定義，牠們是他律的，也就是說牠們的照護決定權在其他主體，亦即與人類的關係、收容中心的負責人、最後還有獸醫。對我們來說，至關重要的是動物自身的意見，透過觀察其不適訊息或正好相反的快樂訊息，在獸醫專業知識與人貓關係的品質之間找到平衡。我們在之前提到的合著文章中引用波茝—朗芝（Claire Beaudu-Lange）的案例之一：

根據科學數據，被診斷出T細胞淋巴瘤的小鬥牛犬丹佐只能再活三個月左右。在跟飼主討論之後，而且小狗明顯表現出想活下去的意願，治療手續開始了。後來丹佐真的死了……不過是三年之後；而且在牠死之前三天仍然在玩最喜歡的玩具。

再回來講到器官移植。兩隻貓都無法表示同意或接受手術的意願，捐贈腎臟的一方完全空白的自主權，無疑是這樁事件裡最棘手的問題。在人類醫學，動手術之前會重複檢查當事者是否同意，而且必須確認無誤。但是對獸醫來說，為了造福一隻動物而損傷另一隻動物，其中的道德問題又該如何解釋？答案一部分來自美國，凡是未明文禁止，都代表可以做。我們在事後得到的認知是，移除一顆腎臟的貓只會出現少許併發症，並稍微縮短壽命。但是仍然不能因此合理化牠們受到的人為損傷。經過無數次在錯誤中學習，如今已經有一條通行於所有國家的器官移植規則：捐贈者必須是收容所裡的貓，為自己的貓要求器官移植的飼主也必須在事後領養捐贈者，提供牠同樣的生活條件。雖然貓仍然沒有排名第一的自主權，卻有了排名第二的福利！

公平原則

這條原則指的是所有個體在面對疾病時有同樣的機會。無庸置疑，法國的人類醫學試著遵守這條原則；但是從實際角度來看，事實上已經有（至少）兩梯次式的醫學了。不過以美國為例的話，我們可以看見這條原則根本並未被嚴格執行。

先回到獸醫學和器官移植：手術價格大約是六千歐元，許多人不可能拿出這麼多錢，但是我們知道有些飼主會毫不猶豫地買單。有鑑於寵物對我們的重要性，貓又位於所有寵物的首位，我相信唯有強制保險，才能將道德、貓的健康、以及獸醫專業技術結合為一體。這套做法相當於私有的動物社會安全網，能防止因為欠缺醫藥費而必須停止治療所帶來的心碎結果。在這個過程裡首當其衝但又未能進行大幅推廣的獸醫們，在近期重新發表了一個三十年前就開始發芽的概念：「全民獸醫」。該組織會照顧生活條件最貧困的動物，並彌補某些飼主的不足或困難，光是有這個開頭就非常棒了，假如所有寵物飼主都能聯合起來該多好！如果兩千兩百萬隻貓狗都有保險，保費就會降低，飼主們只要稍微盡一份力，就能創造永續的共同資金，足夠為每隻寵物提供照護。法國人向來不喜歡額外的負擔，卻能接受為汽車保險，寵物可比我們的車更有價值吧！我很樂意將餘生用在建立這樣的系統，使人們永遠不需要放棄寵物的治療。之前提到的腎臟移植手術實際上並沒花費六千歐元：因為外科醫生願意無償將這項科學技術導入獸醫學，並且對於能夠拯救一條「無論病患為何」的生命感到欣喜不已。然而在現今的獸醫業界，沒有強制保險的話

（我要重申，人們目前的概念有其極限），這類手術將只屬於飼主負擔得起的貓病患[34]。

非惡意原則與善意原則

醫藥必須對病人有利，至少不能致害。在腎臟移植案例裡，受捐贈者顯然印證了善意原則，對捐贈者來說卻不盡然。雖然受贈者飼主承諾會在移植手術後領養捐贈者，但手術是否符合善意原則卻尚待討論，各方都有自己的看法。

那麼節育手術呢？之前已經從哲學角度討論過，讓公貓或母貓具有性行為的決定是否符合動物福祉，但假如只看節育手術的手術行為符不符合善意原則呢？

今天人們談動物結紮時，會以「殘害」來形容，這種說法冒犯了許多我的同業，因為他們深信這項手術利多於弊，難以接受自己的行為遭到譴責。對此我只能說，為了能平靜地思考這個議題，必須了解審視問題的角度。若是為了控制動物數量，這種做法看起來沒問題；但是想獲得最大效益，最好的做法是閹割區域內所有公貓。就算只留下一隻未閹割，牠也能使許多母貓受孕。從個體角度和預防層次來說，閹割能增加壽命，因為可以防止意外和感染。故此，結紮就有其醫學利基。只不過這些論點同樣適用於人類，卻不會得到同樣結論。「結紮之後就能過著快樂的人生」並不是人性化的口號。獸醫致力於動物健康，同時也顧及人類健康，從全球化角度來說更包括環境的健康。關於結紮的辯論往往走到道德的死胡同裡，因為每個人都根據自己的心和良知來解決這個問題，現實中並沒有明確的法律規定，不斷改變的公眾態度也隨時可能質疑從前視為理所當然的作法。

這件醫療往事點出了社會裡瀰漫的較勁氣氛，並將獸醫專業捲入道德辯論中。因此我認為有必要教導同業們了解醫療道德觀念；也將這些觀念納入杜隆大學的心理學獸醫文憑課程。在這個能夠在網路上匿名發文譴責和抹黑的世界裡，以專業為傲是很重要的，因此我們在面對威脅時必須有自己的定見。絕大部分的獸醫都依循照護道德執業，秉持著務實的身分，以病患為中心（嚴格定義就是受痛苦的一方），但往往除了動物病患之外也包括牠與其他對象的關係，因此伴隨牠的人類也會納入。我們的日常任務就是動物的健康、福祉、快樂，以及和諧的關係、飼主的外在情感和我們的決定對環境可能造成的衝擊。

一切都很順利

為了總結這些貓帶給我們的複雜甚至無解的問題，我還必須談到安樂死。有時候這個議題與前一個臨終照護的問題緊緊連結在一起。絕大多數的貓不值錢……我指的是金錢定義。的確，每年有七十萬隻貓被領養（精確數字難以取得），但是只有五萬隻是有譜系的純種貓。這些貓有市場價值，有時飼主願意花數千歐元購買。其他貓則被稱為家貓或歐洲，因為流浪貓的說法在現今已經不合宜了；人們可能花數百歐元買牠們，或甚至免費送養。當照護成為必須，而且得花上不少的醫藥費時，某些問題便浮現了：我們應該在不值錢的貓身上投資這麼多錢嗎？我的經驗是（而且慶幸我做了）對大部分飼主來說兩者毫無干係。正如路卡的故事：即使只相處過短短幾天，動物本身也沒有金錢價值，但是照顧牠的人類卻願意做出大筆時間和金錢的投資，有時甚至還因此受皮肉傷，只為了繼續保持人貓關係。但是對其他人來說，現實金錢狀況限制了能負擔的照護方式。我相信，某些年輕獸醫抱著希望和野心畢業，在就學時已經習慣了最新穎、並且可說無止盡的科學技術，卻在實際執業時不斷碰上平庸的日常案例和阮囊羞澀的飼主，因而對職業感到幻滅。他們有時會覺得飼主捨不得花錢，似乎對寵物沒有感情，但事實上只是因為飼主必須取捨於貓的醫藥費和家人們的伙食費。這個狀況造成了現實的扭曲，專業夢想和實際之間的差距：四分之一獸醫系學生在畢業之後四年內會放棄文憑。我相信，安樂死的爭議是獸醫夢幻滅的原因之一。獸醫手中握著這個重要的權力，人類醫生卻沒有：

獸醫必須與動物親近的人類一同決定結束牠的生命。這個行業有很高的自殺率，原因不是因為方便得到既無痛苦又能致死的藥品，而是因為獸醫必須不斷向飼主解釋安樂死這個選項。一篇文章最近將人類醫生和獸醫的自殺率與其餘人口的相比較；雖然對於所有醫學從業人員來說，接觸疾病和死亡是家常便飯，但是與安樂死有關的重複性壓力，包括做決定和實際執行，都是獸醫自殺率升高的因素[35]。這個原因部分解釋了獸醫的自殺率是其他人口的四倍。在今日，安樂死有時也會成為獸醫技術的質疑重點，飼主想確定獸醫是因為毫無其他救治辦法才會提出安樂死的最後選項。

貓再度成為特別見證者：成年貓和狗及其他動物都有可能因為年老或疾病被安樂死，但唯獨只有幼貓會出於沒人想領養的原因而被整窩安樂死。獸醫們都同意，用結紮方式防止這類悲劇的發生，比安樂死好上幾百幾千倍，但是當一窩十幾隻幼貓被生下之後（通常是在春天），我們又該怎麼辦？這個問題往往在獸醫診所裡引發許多討論，參與辯論的一方全心反對安樂死；另一方則出於現實選擇該手段。無論對哪一方都不是個容易的決定，而當獸醫執行安樂死時，重點是不草率進行，造成不必要的痛苦，比如溺斃或乙醚窒息。有時，有些獸醫會拒絕執行安樂死，這是他們的權利。即使是面對政府機關要求，他們也可以因為安樂死違背自己的價值觀而拒絕。對我們來說，安樂死目前是，而且也應該始終是最後的醫療方案，當確實沒有其他辦法足以防範生理疼痛或精神折磨時才能使用。這項不容輕忽的特權與寵物的他律性緊緊連結，貓又是他律動物的首要代表；牠們既被視為喜好獨立的動物，也仍然被某些官方單位當成繁殖迅速的有害生物，牠們的地位正好介於人類的家及曠野之間。

貓的啟示

今天，貓是形象戰爭的贏家。牠們是網路上的英雄，但是也會受到中傷。牠們的勝利教我們了解許多關於人類社會的演進現象，以及我們與教育和層級的關係。

禁止處罰

我要最後一次強調：禁止對貓做任何形式的體罰。這個方法永遠不管用，只會提高牠們的戒心，並對人貓關係造成永遠的損害。幾百年來，人類教育寵物的方式始終是一連串處罰和禁止。不巧的是，這些做法似乎對無法放棄關係的社會性物種有用。貓很幸運地對處罰和禁止具有與生俱來的抵抗力。

漸漸地，大家的教育方式都改變了，如今正向教養已經成為參考準則，貓認可這個發展走向，也以實際行動表示支持。你會看到貓做敏捷度訓練（障礙訓練）、和飼主「打招呼」；總而言之，只要人類尊重並且鼓勵，牠們就能學習和互動。

因此，貓教我們了解，最好的教育方式是與願意學習的學生合作。不過這個說法在此時看來很合理，我們卻不能忘記全世界大部分地區認為這大錯特錯。

沒有個人目的的層級結構

長久以來，我們的社會是根據垂直層級運作的：狗就是最好的例子。但是這個模式已經漸漸消失了，至少在表面上如此。權威的概念和對前輩的尊重已經不再受歡迎，而且漸漸被水平式發展的文化和合作模式取代。最適合代表這種演化的動物是貓，因為牠們提醒我們：一群雌性物種能夠聯合起來照顧幼小的下一代。看看你的四周，你會看見許多群體能在沒有領袖的狀況下運作，成員們為了共同的目標各司其職。狗與人的層級劃分很清楚，正常來說能使群體之間平靜地互動，建立社群基礎；但是兩者的關係往往會造成焦慮，阻礙個體的自我實現。至於貓，牠與人類的關係也許是令兩方都感到快樂，於是能夠生活在一起；也或許正好相反，但隨之而來的是徹底決裂。任務小組的運作方式就是如此，成員關係僅限於為了完成共同目標而組成的暫時小組裡。

因此，向來痛恨禁制和反抗層級的貓成為二十一世紀的標竿，我對此一點都不驚奇，何況牠們還代表了其他重要的潮流。

神聖不可侵犯的身體

數百年來圍繞著對女性（或年輕男孩）的性侵事件，在今日已經成為能夠公諸於世的問題，並且改變人們的概念，將身體視為神聖不可侵犯的。今天，假使我們要碰觸別人的身體，務必得先徵求對方同意。我們也在伊西斯的案例中看到，貓正是如此。固然有些人因為受虐的創傷導致他們不願被觸碰，有些貓也不喜歡被撫摸，由此可見貓隻再次成為重要議題的代言人。我們也必須小心，不可矯枉過正：已經有人開始說狗也不喜歡被撫摸，在我看來是過於誇大了！有些狗確實不喜歡被撫摸，也有一些不喜歡任何形式的觸摸，但我們不能將之概化。

有一部分的貓很愛肢體接觸，而且會主動要求。貓也告訴我們：尊重彼此的身體，對每個人的獨特性保持開放態度。

呼嚕治療法

貓有時候對我們發出呼嚕呼嚕的聲音，目前仍然是個謎：這個聲音是藉由喉部或隔膜的肌肉震動發出，人們對於原因提出過許多假設，但幾乎每一次都被推翻。

更重要的是，許多人誤以為貓發出呼嚕聲純粹代表牠的心情很好。但是受痛苦的貓、甚至有時是垂死或正在生產的貓也會發出呼嚕聲，我們知道後兩者等同疼痛或不舒服。現在很流行的一個說法是，呼嚕聲也許有其治療作用[36]。呼嚕聲的頻率介於二十五和五十赫茲，正符合能幫助痊癒（比如骨骼或傷口）的頻率。呼嚕聲是具有慰藉作用的訊號，讓不舒服的貓藉此安慰自己和與牠和諧相處的夥伴。這種溝通最先出現於母貓和牠的小貓之間；幼貓在兩天大時就能發出呼嚕聲，母貓則在生產和餵奶時發出呼嚕聲。

假如你的貓在和你互動時發出呼嚕聲，請好好享受：當愛貓在我們的膝蓋上或緊貼著我們發出呼嚕聲時，代表人貓之間互相信任，共同分享和諧時光。

人際關係

這是貓給我們上的最後一堂課。我為了撰寫本書尋找參考資料時，在許多文章中讀到貓與貓之間的社交關係，或貓與人之間的社交關係。在我看來，這些文章傳達了一個錯誤的觀念：假使將每每一行文字提到的「社交」二字劃掉，那麼將能使我們更了解貓。牠們的關係不是社交性的，也不是來者不拒，更不是自動生成的。家貓是人為關係的專家，而這種人為關係需要付出代價打造，是脆弱而且可能被收回的。貓並不因為我們是牠們的「主人」而愛我們，更認為我們是牠們的「擁有者」是可笑的說法。屬於同樣的群體或被迫住在同一個地方，並不能保證牠會和我們建立關係。另一方面，假使我們耐心地在人貓接觸時刻累積關係，特別是假如牠願意社交的話（也就是說牠天生就願意與人接觸、培養信任感、願意共享快樂的玩耍和靜謐時光），就能讓你以此為基礎，進一步打造友好的關係。

貓的未來

我在本書裡很快地談論這些貓給我們上的課（或許甚至太快了），並且透過各種觀察，證實我在過去二十多年間的直覺。貓是我們這個時代的代表人物，因為牠們具有女性特質，是現代社會逐漸演變的方向。從我的青春期到現在，我已經目睹整個世界，至少是整個西方世界，正從具有垂直層級的犬式雄性社會結構轉變到貓式雌性社會。前者的主要價值是男子氣慨，甚至具有攻擊性和力量，後者則著重合作，水平結構，價值重心是生活品質，強調個體領域和關係，與貓的天性很接近。

當我思索這些議題時，腦中想起一個吉卜林（Kipling）的短篇兒童故事，在所有動物都還是野生的年代中，首批女性開始著手馴化牠們[37]，貓與女人們立了一個協定，得到進入屋舍裡的權利。牠們能在屋子裡取暖、享受食物，交換的代價是讓孩子們高興、逗他們開心和趕走老鼠。但是貓想保持獨立地位，因此拒絕與男人訂立協定，於是便被男人們趕出屋子；牠們也不想與「人類第一個朋友」，即狗，做任何協議，因此狗也愛追趕貓。不可思議的是，吉卜林在二十世紀初就寫了這篇故事，遠遠早於科學研究證實馴化或人狗的連結起因是兩者生活在相同的地方（同域性），再加上女性與母狗彼此觀察對方養育下一代的態度。貓的馴化則晚得多，也更不穩定[38]。在我看來，女人和貓之間的互動使得馴化能夠發生，則是更令人震驚的現象，雖然男人們並沒被完全排除在外（吉卜林說：「五個看見貓的男人中，有三個會朝牠丟石子」），但是女人與貓具有特殊的聯盟關係，尤其在今天更是毫無掩飾地呈現在我們眼前。

結語
相聚相依

我想寫這本書很多年了，真正開始寫之後又花費了許久。

在講述貓病人的故事之外，我大部分的人生仍然是照護貓和教人們了解這門在我看來非常重要的專業：心理學獸醫。希望我已經回應了貓一號女士在夢裡對我的要求，打開認知的大門，改善貓的生活品質。

你想必也了解：這本書的目的也在於促使人們急起直追，不再讓貓孤獨承受精神折磨。接受行為諮詢的貓病患中有一五%證明人們不夠關心牠們，令牠們深陷人類的誤解中，使牠們受到傷害。今天，診斷技術和所有貓隻行為失調問題的治療方式都有長足的進步，就算牠們已經接近瘋狂，我們仍然能伸出援手。

貓是社群網路的明星，但是有時受喜愛的原因是錯誤的，或者人們因為無知而以不正確的方式對待牠們。我們對貓的熱情必須依循正確認知，才不致演變成盲目的痴狂。

我試著透過本書告訴各位，貓想要的是我們更有同理心。如此，我們便能打開通往一個更豐富多彩的複雜世界，並且找到某些痛楚的形成原因，進而解決。

貓也教我們學會尊重：牠們與自己身體的關係以及與其他個體的關係，促使我們踏出人類既有的概念，建立人與貓的橋樑。

貓的生理和心理平衡能力極為精妙，而雙重天性也使牠們暴露在會引發痛楚的干擾之中。最後一點，牠們和其他許多哺乳動物一樣會出現較常見的失調症狀，這些症狀同樣需要我們的關心。

無論如何，我們切勿忘記最重要的：貓與我們互動時的神奇感覺、牠們願意展現的優雅友誼，以及牠們讓我們感受到的喜悅，在在令我們……為之瘋狂。

參考資料

第1章　貓的本性：猜不透的雙重「貓」格

[1] Voir chapitre《Idefix》de mon ouvrage *La Psychologie du chien. Stress anxiété, agressivité…*, Paris, Odile Jacob, 2004, p. 17.

[2] *Le Monde de Jamy*, https://www.france.tv/france-3/le-monde-de-jamy/405325-chiots-chatons-les-premiers-pas-de-nos-animaux-preferes.html.

[3] Beata C., *Au risque d'aimer*, Paris, Odile Jacob, 2013.

[4] WSAVA (World Small Animal Veterinary Association), FECAVA (Federation of European Companion Animal Veterinary Associations), AFVAC (Association francaise des veterinaires pour animaux de compagnie).

[5] Seligman M. E., Maier S. F.,《Failure to escape traumatic shock》, *Journal of Experimental Psychology*, 1967, 74, p. 1-9.

[6] Morizot B., *Manières d'être vivant*, Arles, Actes Sud,《Mondes sauvages》, 2020.

[7] Ferlier U., *Campagne, ville ou environnement clos : quelle est l'influence du milieu de vie sur le répertoire comportemental du chat, à l'intérieur, chez ses propriétaires ?*, memoire pour le DIE de veterinaire comportementaliste, octobre 2008.

[8] Beata C., *Au risque d'Aimer*, *op. cit.*

第2章　貓的領域：美好生活的基本

[1] Werber B., *Sa majesté des chats*, Paris, Albin Michel, 2019.

[2] https://www.express.co.uk/news/weird/544409/Grumpy-Cat-worth-morethan-Hollywood-stars.

[3] Kramer C. K., Mehmood S., Suen R. S.,《Dog owership and survival : A systematic review and meta-analysis》, *Circ. Cardiovasc. Qual. Outcomes*, 2019, 12 (10), e005554.

[4] Zasloff R. L.,《Measuring attachment to companion animals : A dog is not a cat is not a bird》, *Appl. Anim. Behav. Sci.*, 1996, 47 (1-2), p. 43-48.

[5] Despret V., *Habiter en oiseau*, Arles, Actes Sud,《Mondes sauvages》, 2019.

[6] Virring A., Lambek R., Thomsen P. H., Moller L. R., Jennum P. J.,《Disturbed sleep in attention-deficit hyperactivity disorder (ADHD) is not a question of psychiatric comorbidity or ADHD presentation》, *J. Sleep Res.* 2016, 25 (3), p. 333-340.

[7] Leyhausen P., *Cat Behaviour. The Predatory and Social Behaviour of Domestic and Wild Cats*, New York, Garland STPM Press, 1979.

[8] https://francetvstudio.fr/production/collection-le-monde-de-jamy/e/chiotschatons-les-premiers-pas-de-nos-animaux-preferes/

[9] Villeneuve-Beugnet V., Beugnet F.,《Field assessment of cats' litter box substrate preferences》, *Journal of Veterinary Behavior*, 2018, 25, p. 65-70.

[10] Ellis J. J., McGowan R. T. S., Martin F.,《Does previous use affect litter box appeal in multicat households ?》, *Behav. Processes*, 2017, 141, p. 284-290.

[11] Grigg E. K., Pick L., Nibblett B.,《Litter box preference in domestic cats: Covered versus uncovered》,

Journal of Feline Medicine and Surgery, 2013, 15 (4), p. 280-284 (c ISFM and AAFP 2012).

[12] Enquete MHN SFPM, http://www.chat-biodiversite.fr.

[13] Beata C., *Au risque d'aimer, op. cit.*

[14] Monti-Bloch L., Jennings-White C., Berliner D. L.,《The human vomeronasal system : A review》, *Annals of the New York Academy of Sciences*, 1998, 855, p. 373-389.

第3章　人貓關係：相處與互動的祕密

[1] Beata C., Muller G (dir.), *Pathologie du comportement du chat*, Paris, Editions AFVAC, 2016.

[2] Schwartz S.,《Separation anxiety syndrome in dogs and cats》, *J. Am. Vet. Med. Assoc.*, 2003, 222, p. 1526-1532.

[3] Vigne J.-D. *et al.*,《Early taming of the cat in Cyprus》, *Science*, 2004, 304 (5668), p. 259-259.

[4] Beata C., *Au risque d'aimer, op. cit.*

[5] Pageat P., *Pathologie du comportement du chien*, Paris, Editions du Point veterinaire, 1994.

[6] Hofmans J., *Étude clinique sur chatons. Inhibition du chaton à 6 semaines et temperament à 6 mois : qu'en est-il ?*, memoire pour le DIE de veterinaire comportementalitse, 2021.

[7] https://francetvstudio.fr/production/collection-le-monde-de-jamy/e/chiotschatons-les-premiers-pas-de-nos-animaux-preferes/

[8] Vigne J.-D. *et al.*,《Early taming of the cat in Cyprus》, art. cit.

[9] Russell N.,《The wild side of animal domestication》, *Society & Animals*, 2002,10 (3), p. 285-302.

[10] AAFP et ISFM,《Feline environmental needs guidelines》, *Journal of Feline Medicine and Surgery*, 2013, 15,

p. 219-230.
[11] Simon's Cat,《Cat Man Do》, https://www.youtube.com/watch?v=V8os2v7ZuJs.
[12] Beata C., *Au risque d'aimer*, *op. cit.*
[13] Beata C., *Au risque d'aimer*, *op. cit.*
[14] Crowell-Davis S.,《Understanding cats》, *Compend. Contin. Educ. Vet*, 2007, 29 (4), p. 241-243.
[15] *Le Monde de Jamy*, *op. cit.*

第4章 飛越貓窩：貓真的會發瘋？

[1] Kreutzer M., *Folies animales*, Paris, Le Pommier, 2020.
[2] Ey H., Brion A., *Psychiatrie animale,* Paris, Desclee de Brouwer,1964.
[3] Beata C., *Au risque d'aimer*, *op. cit.*
[4] *Blackfish*, film de Gabriela Cowperthwaite, 2013.
[5] Garner B. *et al.*,《Pituatary volume predicts future transition ti psychosis in individuals at ultra-high risk of developing psychosis》, *Biol. Psychiatry*, 2005, 58, p. 417-423. Brown E. S., Rush A. J., Mcewen B. S.,《Hippocampal remodeling and damage by corticosteroids: implications for mood disorders》, *Neuropsychopharmacology*, 1999, 21, p. 474-484.
[6] Watzlawick P., *Stratégie de la thérapie brève*, Paris, Seuil, 1998.
[7] LOOF : l'abyssin, https://www.loof.asso.fr/races/desc_race.php?id_race=1.
[8] Sastre J.-P., Jouvet M.,《The oneiric behavior of the cat》, *Physiology & Behavior,* 1979, 22 (5), p. 979-989.
[9] Ferguson J., Dement W. C.,《The effect of variations in total sleep time on the occurrence of rapid eye

movement sleep in cats》, *Electroencephalog. Clin. Neurophysiol.*, 1967, 22, p. 2-10. Carskadon M. A., Dement W. C.《Monitoring and staging human sleep》, *in* M. H. Kryger, T. Roth, W. C. Dement (dir.), *Principles and Practice of Sleep Medicine*, St. Louis, Elsevier Saunders, 2011, 5e edition, p. 16-26).

[10] Lauveng A., *Demain j'étais folle. Un voyage en schizophrénie*, Paris, Autrement, 2019.

[11] Jacqmot O.《Comparison of several white matter tracts in feline and canine brain by using magnetic resonance diffusion tensor imaging》, *The Anatomical Record*, 2017, 300, p. 1270-1289.

[12] Naccache L., *Le Nouvel Inconscient. Freud, le Christophe Colomb des neurosciences*, Paris, Odile Jacob, 2006.

[13] Sneddon L. U.,《Pain perception in fish : Indicators and endpoints》, *ILAR Journal*, 2009, 50 (4), p. 338-342.

[14] Owens J. L., Olsen M., Fontaine A., Kloth C., Kershenbaum A., Waller S.,《Visual classification of feral cat Felis silvestris catus vocalizations》, *Current Zoology*, 2017, 63, p. 331-339. Tavernier C., Ahmed S., Houpt K. A., Yeon S. C.,《Feline vocal communication》, *J. Vet. Sci.*, 2020, 21 (1), e18.

[15] Gallup G. G.,《Chimpanzees: Self-Recognition Science》, *New Series*, jan. 2, 1970, Vol. 167, n° 3914, p. 86-87.

第5章 貓的警告：共創幸福未來

[1] Morizot B., *Manières d'être vivant*, *op. cit.*

[2]《Coronavirus : un tigre d'un zoo de New York teste positif》, *Le Monde*, 6 avril 2020.

[3] Bosco-Lauth A. M. *et al.*,《Pathogenesis, transmission and response to reexposure of SARS-CoV-2 in domestic cats》, *BioRxiv*, 2020.

[4] https://agriculture.gouv.fr/un-veterinaire-entre-au-conseil-scientifique-covid-19.

[5] https://www.anses.fr/fr/content/les-coronavirus-des-virus-partag%C3%A9s-parles-animaux-et-les-hommes.

[6] Damasio A. R., *L'Erreur de Descartes. La raison des émotions*, Paris, Odile Jacob, 2006.

[7] Steigerwald E. S., Sarter M., March P., Podell M., 《Effects of feline immunodeficiency virus on cognition and behavioral function in cats》, *J. Acquir. Immune Defic. Syndr Hum Retrovirol.*, 1999, 20 (5), p. 411-419.

[8] Beaufils J.-P., *Modifications du comportement induites par le virus de l'imunodeficience féline (FIV) chez le chat*, memoire pour l'obtention du diplome de veterinaire comportementaliste des Ecoles veterinaires francaises, 2001.

[9] Buffington C. A., Chew D. J., Woodworth B. E., 《Feline interstitial cystitis》, J. Am. Vet. Assoc., 1999, 215, p. 682-687.

[10] *Ibid.* et Buffington C. A., Westropp J. L., Chew D. J., Bolus R. R., 《Clinical evaluation of multimodal environnmental modification (MEMO) in the management of cats with idiopathic cystitis》, *J. Feline Med. Surg.*, 8 (4), p. 261-268.

[11] Buffington C. A., Bain M., 《Stress and feline health》, *Vet. Clin. North Am. Small Anim. Pract.*, 2020, 50 (4), p. 653-662.

[12] Buffington C. A. 《Pandora syndrome in cats : Diagnosis and treatment》, *Today's Veterinary Practice*, automne 2018, p. 31-40, https://todaysveterinarypractice. com/urology-renal-medicine/pandora-syndrome-in-cats/.

[13] Radosta L., *Veterinary Psychiatry Potpourri*, http://wsava2017.com/scientificinformation/scientific-programme.html.

[14] Denenberg S. (dir.), *Small Animal Veterinary Psychiatry*, Oxford, Cabi Editions, 2020.

[15] Extrait d'un poeme de T. S. Elliott cite par S. Hochet dans *Éloge du chat*, Paris, Leo Scheer, 2014.
[16] Zola E.,《Le paradis des chats》, *in Nouveaux contes à Ninon*, 1874.
[17] Ferlier U., *Campagne, ville ou environnement clos : quelle est l'influence du milieu de vie sur le répertoire comportemental du chat, à l'intérieur, chez ses propriétaires ?, op. cit.*
[18] Vian B., *L'Arrache-coeur*, Paris, Le Livre de Poche, 1953.
[19] Stubbs W. P. Bloomberg M. S.,《Implications of early neutering in the dog and cat》, *Seminars in Veterinary Medicine and Surgery (Small Animal)* 1995, 10 (1), p. 8-12.
[20] Spain C. V., Scarlett J. M., Houpt K. A.,《Long-terme risks and benefits of early-age gonadectomy in cats》, *J. Am. Vet. Med. Assoc.*, 2004, 224, p. 372-379.
[21] Kutzler M. A.,《Possible relationship between long-term adverse health effects of gonad-removing surgical sterilization and luteinizing hormone in dogs》, *Animals* 2020, 10 (4), p. 599.
[22] Beata C., *Au risque d'aimer, op. cit.*
[23] Mellor D. J.《Positive animal welfare states and encouraging environmentfocused and animal-to-animal interactive behaviours》, *N. Z. Vet. J.*, 2015, 63 (1), p. 9-16.
[24] Agence nationale de securite sanitaire de l'alimentation, de l'environnement et du travail, 14, rue Pierre-et-Marie-Curie, 94701 Maisons-Alfort.
[25] Beata C., *Au risque d'aimer, op. cit.*
[26] Lode T., *La Guerre des sexes chez les animaux*, Odile Jacob, 2007 ; *La Biodiversité amoureuse. Sexe et évolution*, Odile Jacob, 2011 ; *Pourquoi les animaux trichent et se trompent. Les infidélités de l'évolution*, Odile Jacob, 2013 ; *Histoire naturelle du plaisir amoureux*, Odile Jacob, 2021.
[27] Beata C. (dir.), *L'Adolescence*, livre du congres ZooPsy, Paris, 2017, Paris, collection《Zoopsychiatrie》,

2017.
[28] 《Le chat d'exterieur est-il plus heureux que le chat d'interieur ?》, sur le site Wamiz, https://wamiz.com/chats/conseil/le-chat-doit-il-sortir-pour-etre-heureux-3459.html.
[30][29] Beata C., *La Psychologie du chien*, *op. cit.*, chapitre 7《Kim》, p. 287.
Gunn-Moore D. A., Mcvee J., Bradshaw J. M., Pearson G. R., Head E., Gunn-Moore F. J.,《Ageing changes in cat brains demonstrated by beta-amyloid and AT8-immunoreactive phosphorylated tau deposits》, *J. Feline Med. Surg.*, 2006, 8, p. 234-242. Head E., Moffat K., Das P., Sarsoza F., Poon W. W., Landsberg G., Cotman C. W., Murphy M. P.,《Beta-amyloid deposition and tau phosphorylation in clinically characterized aged cats》, *Neurobiol. Aging*, 2005, 26, p. 749-763.
[33][32][31] Saint-Exupery A. de, *Le Petit Prince*, ecrit a New York en 1942.
AFVAC, Association francaise des veterinaires pour animaux de compagnie, 40, rue de Berri, 75008 Paris.
Beata C., Beaudu-Lange C., Muller C.,《Jusqu'ou va-t-on dans les soins donnes a nos animaux de compagnie ?》, *Revue vétérinaire clinique*, 2021, 56 (4), p. 157-169.
[34] Mereo F.,《Greffe de rein sur un chat : "Sauver une vie, quelle qu'elle soit, est gratifiant》, *Le Parisien*, 21 aout 2019.
[35] Fink-Miller E. L., Nestler L. M.,《Suicide in physiciens ans veterinarians: Risk factors and theories》, *Curr. Opin. Psychol.*, 2018, 22, p. 23-26.
[36] Von Muggenthaler E.,《The felid purr: A bio-mechanical healing mechanism》, *in 12th International Conference on Low Frequency Noise and Vibration and its Control*, conference publiee a Bristol, Royaume-Uni.
[37] Kipling R.,《Le chat qui s'en va tout seul》, *in Histoire comme ça*, Paris, Librairie Delagrave, 1903, https://fr.wikisource.org/wiki/Histoires_comme_ca_pour_les_petits/Le_Chat_qui_s'en_va_tout_seul.

[38] Pionnier-Capitan M., Bemilli C., Bodu P., Celerier G., Ferrie J.-G., Fosse P., Garcia M., Vigne, J.-D.,《New evidence for Upper Palaeolithic small domestic dogs in South-Western Europe》, *Journal of Archaeological Science*, 2011, 38, p. 2123-2140.

一起來 0ZDG0027

貓的瘋癲

La folie des chats

作　　者　克勞德・貝雅塔 Claude Béata
譯　　者　杜蘊慧
主　　編　林子揚
編　　輯　張展瑜
編輯協力　鍾昀珊

總 編 輯　陳旭華 steve@bookrep.com.tw
出版單位　一起來出版／遠足文化事業股份有限公司
發　　行　遠足文化事業股份有限公司（讀書共和國出版集團）
　　　　　231 新北市新店區民權路 108-2 號 9 樓
電　　話　(02) 2218-1417
法律顧問　華洋法律事務所　蘇文生律師

封面設計　蕭旭芳
內頁排版　宸遠彩藝排版工作室
印　　製　通南彩色印刷股份有限公司
初版一刷　2025 年 4 月
定　　價　450 元
I S B N　978-626-7577-24-0（平裝）
　　　　　978-626-7577-22-6（EPUB）
　　　　　978-626-7577-21-9（PDF）

國家圖書館出版品預行編目（CIP）資料

貓的瘋癲 / 克勞德・貝雅塔 (Claude Béata) 著 ; 杜蘊慈譯 . -- 初版 . -- 新北市 : 一起來出版 , 遠足文化事業股份有限公司 , 2025.04
288 面 ; 14.8×21 公分 . -- (一起來 ; 0ZDG0027)
譯自 : La folie des chats.
ISBN 978-626-7577-24-0(平裝)

1. CST: 貓　2. CST: 動物行為　3. CST: 動物心理學

437.36　113018640